让你爱不释手^的超实用生活理财课

让你爱不释手的

超实用

生活理财课

虎 啸／著

中国法制出版社
CHINA LEGAL PUBLISHING HOUSE

Preface
前言

每个人都有一个致富梦想，但是只靠夜以继日地工作恐怕很难实现财富的有效增长。时下物价不断上涨，通货膨胀加剧，我们辛苦赚来的血汗钱时刻面临着缩水的风险。为了让自己积攒多年的资本有效保值，实现多年的致富梦想，我们现在必须学习这样一门知识——理财。

提到理财，也许有的人会觉得遥远而且陌生，其实在现实生活中，理财无处不在。从每个月将工资存进银行的储蓄账户，到炒房、炒股、炒黄金、炒期货等，再到越来越普及的保险，这些都是理财。随着时代的进步和经济的飞速发展，理财已经越来越被人们所重视，并逐渐成为人们经济生活中必不可少的一部分。

尽管理财非常重要，但是繁忙的工作和越来越快的生活节奏让人们越来越难停下脚步来系统地学习和了解理财知识。有的人整日忙着学习或工作，结果错过了理财赚钱的好时机；有的人知道自己应该理财，却总以没有闲钱、没有时间和精力为由，一次又一次地推迟进入理财市场的时间；有的人虽然已经迈进了理财市场，但是因为对理财缺乏系统、专业的认识，一味盲目跟风理财，结果屡屡失败，没有如愿获利，甚至损失惨重……

也许有的人会说："我不求大富大贵，挣的钱够吃够花就行了，我不需要理财。"事实真的如此吗？当然不是。

2019 年 3 月 19 日，经济学人智库发布了 2018 年全球生活成本报告。根据报告，香港排第 1 名、上海与深圳并列第 25 名、大连排第 45 名、北京排第 49 名、广州排第 68 名，这些城市的排名在全球生活成本中均位于 100 名之内。足见当下我国人民的生活成本确实非常之高。面对这种境况，光靠那些时刻都有缩水风险的工资收入很难维持原有的生活水平，要想提高或保持现有的生活质量，通过理财实现资产的增值已经迫在眉睫。

此外，一个人的财富指数决定了其生活的幸福指数。幸福是人的一种精神感受，而这种让人愉悦的精神感受是需要经济基础作后盾的。"经济基础决定上层建筑，上层建筑反作用于经济基础"说的就是这个道理。世界上最会赚钱的犹太人认为，财富是现实的上帝，钱是神灵赋予人们的最宝贵礼物之一，金钱虽然不是万能的，但却可以保证个人尊严和社会地位。如果你希望自己和家人能够生活富足，那么你现在要考虑的不是是否应该理财，而是如何理财的问题。

理财是一门艺术，要想制胜，首先要树立有效的理财理念，其次是学习必要的理财知识，再次就是了解各种常见理财工具的理财技巧和策略，最后学习巴菲特、彼得·林奇、乔治·索罗斯等理财大师的经验和教训，汲取其理财智慧。

本书旨在让读者真正掌握那些实用有效的理财知识，而不是艰涩难懂的理论，本书是读者在理财上的"好帮手"。每一位希望了解理财知识，并想通过理财改善自己的经济状况、让财产保值增值、为自己筹划一个美好人生的人，都能够从中找到自己关于理财问题的答案。相信在读完本书后，你一定会有所收益。

Contents
目录

第一章

不可或缺的有效理财理念

第二章

不可不知的理财知识

第三章

储蓄管理：一切理财的基础

第四章

股票理财：像富豪们一样去理财

第八章

保险理财：为你的财富上把"锁"

第九章

其他理财：那些被你忽视的生财工具

第一章

不可或缺的有效理财理念

不管你承认与否，财富确实能够帮助我们扫除那些横亘在幸福生活前面的现实障碍。因为没有"牛奶面包"，爱情很难长久甜蜜；没有金钱，婚姻很可能会出现"贫贱夫妻百事哀"的局面；没有金钱，不仅很难实现自己的理想，甚至连衣、食、住、行都是难事……因此，每个人都应该适度追求财富。如何才能有效地增加财富呢？答案就是理财。

那么，如何理财才能实现财富增长呢？首先要做的就是树立一些必备的有效理财理念，诸如理财越早越好、保住本金是理财最重要的前提、在理财中要知错就改、正确看待理财风险……这些理念都是在进入理财市场之前必须知道的。

只知道埋头努力学习或工作的人，
或许会失去赚钱的时机

1973 年，比尔·盖茨考进了哈佛大学；1975 年，盖茨念大学三年级的时候，做了个让很多人震惊的决定——离开哈佛。他认为他不能错过发展计算机事业的大好时机。离开哈佛后，他将自己的全部时间和精力都投入自己和好友保罗·艾伦共同创建的微软公司中，数年之后，微软成为全球领先的个人电脑软件供应商，比尔·盖茨成为世界上数一数二的富豪。

马克·扎克伯格，20 岁时考入哈佛大学心理系和计算机系，2004 年，大学二年级的扎克伯格在哈佛大学的宿舍里创办了社交网站"脸谱"（Facebook），2004 年年底 Facebook 的注册人数已经超过了 100 万，为了专心投入 Facebook 的运营和发展中，扎克伯格选择了退学。2016 年，扎克伯格成为胡润全球富豪榜前十名中最年轻的上榜富豪，而 Facebook 早已成为全球知名的社交网站。

试想一下，假如比尔·盖茨像他的那些埋头苦读的同窗们一样"两耳不闻窗外事，一心只读圣贤书"，那么盖茨就会失去发展微软的最佳时机，也就失去了赚钱的机会，他就不可能成为世界首富。同样的，如果扎克伯格只知道学习，对其他事情不闻不问，那么，他也会失去赚钱的时机，不可能如此富有。正如美国石油大王约翰·洛克菲勒所言："只知道努力工作或学习的人，很容易失去赚钱的时机。"

在现实生活中，很多人只知道一味地努力工作赚钱，却忽略了赚钱的另一个更为有效的途径，那就是理财。还有一部分人明明知道可以通过理财来赚钱，却由于害怕理财的风险而迟迟不愿意开始理财，他们认为钱放在银行里更省心、更踏实。然而，放在银行里的钱真的像人们认为的那样那么安全吗？答案是否定的。近年来，通货膨胀率不断提升，很多人存在银行里的钱的价值在无形中缩了水。如此一来，不仅白白错过了很多理财赚钱的大好时机，还遭遇了通胀下的财富缩水。

事实上，如今积累工资，然后把钱存进银行的做法已经不能使财富保值、增值，唯有理财才是明智之举。一个人一生的工作时间是有限的，通过努力工作赚钱的时间也是有限的，而人的一生都离不开金钱的保障。理财不但能够有效地抵抗通货膨胀带来的风险，还能够在长期合理的理财中收获可观的回报，从而保障自己和家人的生活。

通货膨胀到底有多可怕呢？举一个例子：假设你现在有 100 元钱，且通货膨胀率连续十年为 4%，那么十年后多少钱才相当于现在的 100 元呢？按照公式计算，答案是 148 元。换言之，即 10 年之后你需要 148 元才能够买到现在 100 元就能买到的东西。由此可见，即使你不想赚大钱，只想使自己的资产能够保值，也必须学会理财。

下面我们一起看一个真实的理财案例：

王杰，毕业于北京某名牌大学经济系，家在外地。他在学习之余，总是寻找各种机会赚钱。刚上大学的时候，他就在一个教育培训机构找到了兼职的工作，不上课的时候他就去那边上班，每月除有固定的工资外还有奖金；这份工作他做了3年零2个月，总共攒了2万元钱，临毕业的时候，他把这2万元钱投进了股市。大学毕业后他进了一个私企做了一名普通的白领，虽然工资很少，但是他每个月都会从中拿出一部分进行储蓄，另一部分投进股市。

30岁的时候，王杰升任公司的经理，月收入过万，很快，他和女朋友结了婚；王杰的妻子是某国企的主管，月收入也不低，两人婚后约定每月将各自收入的一半存进银行，剩下的钱用来买股票等证券类产品；几年后，他们从储蓄中拿出一半作为首付，在其所在的城市的五环贷款买了一套房子，此时他连续十几年通过股票理财已经为他带来了50万元的回报。买房之后，夫妻俩每月除还房贷外，依旧延续了理财习惯，他们的生活虽然说不上"大富大贵"，但是也很充裕。

王杰是一个普通的大学毕业生、上班族，既没有富有的家庭支持，也没有特别的商务才能，他之所以能够在大城市幸福地生活，跟他坚持理财的习惯分不开。他拥有储蓄和投资并举的理财理念，这样一来不仅抓住了赚钱的时机，也保障了自己的基本生活。

实际上，很多时候我们没有钱，不是因为我们赚得少，而是因为我们不懂得理财，我们不懂得让钱生钱的道理。

目前，很多年轻的白领都具有一定理财的意识，但是对于具体如何理财，还处于不太了解的状态。有些人虽然已经开始了自己的理财生涯，但是因为对理财产品并不了解，往往只能跟风，别人说好就买进，别人说不好就赶紧抛出，结果不仅没赚到钱，还折了自己辛苦赚来的本钱。

巴菲特总结他的亲身经历时这样说过：最好的投理财不是不断地读书学习，而是在实践中总结经验教训，不断地充实自己，培养自己敏锐的理财眼光。

一味地埋头学习或工作或许会失去很多赚钱的好时机，请从此刻开始树立理财的理念吧！

生活理财笔记

比尔·盖茨和马克·扎克伯格用他们的亲身经历告诉我们，一味地埋头学习或工作，对其他事不闻不问有可能会错过赚钱的机会，他们之所以走向成功，是因为他们在学习的同时，始终关注着时代的发展，发现赚钱的时机之后，果断地抓住了机会。

审视自己拥有的资产，找到适合
自己的理财方式

在正式开始理财之前，我们必须审视自己的资产，了解自己的资产概况，有多少需要打理的财富。只有明晰了自己的资产概况，才能制订出切实可行的理财计划。如果你想要改变自己的资产现状，通过理财增加自己的财富，那么现在你要做的第一件事就是精算自己的身家，看看自己到底是个富翁，还是个"负翁"。

要想了解自己的资产概况，我们至少需要做以下两项工作。

1. 了解自己的资产总值

你到底拥有多少资产，你真的清楚吗？不要以为这很简单，实际上一个人的资产是由很多部分组成的，在计算自己资产总值的时候，你至少要将以下这几个项目考虑在内：

（1）你的收入是多少。这里指的是劳动总收入，包括工资、奖金收入，将这些统统加起来，看看每个月自己的劳动所得是多少。当然，如果你已经将收入存入银行或花完了，那就算了。

（2）你现有的存款是多少。现有的存款是你的理财库和一切消费、理财行为的基础，把自己所有的存款数量加起来，你就知道自己的状况了。

（3）手头可用的现金是多少。你现在手头马上可以拿来用的钱是多少，哪怕是零用钱也要计算进来。

（4）固定资产是多少。这包括你的房产、车子、家用电器，计算出它们的现值，而不是购买时的价值。

（5）可以拿来折现的奢侈品的价值是多少。包括你的首饰、珠宝、藏品等可以拿来折现的物品。当然对于那些购买时非常昂贵，但变现却一文不值的东西，如名牌衣服、鞋子等就不要计算在内了。

（6）现有的理财产品能为你带来的价值是多少。这些理财产品包括你手中的股票、基金、保险等，不管你当时购买的价格是多少，现在计算它的现值就好。

将这六者相加，就计算出你所拥有的总资产数额了。但是，知道了这一点并不代表你就已经对自己的资产概况了然于心了，你还需要了解自己的负资产情况。

2. 了解自己的负资产情况

随着金融制度的完善，信用卡、借贷等的普及，生活中，大部分人都有负资产，而这些负资产是需要偿还的，不在理财可利用的财产资源之内。一般来说，一个人的负资产主要是由以下这些部分组成的：

（1）外借的欠款是多少。借了别人多少钱还没有还，连本带利总共要还多少，一定要算好。

（2）信用卡的欠款是多少。无论怎样，信用卡的欠债是一定要还的。此外，已经申请的分期付款的欠款也要算进去，总之，不管还款日期是什么时候，只要把所有欠款统统加起来就对了，另外，别忘了加上需要还的利息。

（3）你的房贷欠款是多少。既然房产价值已经算了进去，房贷欠款又怎么可以少得了呢？

（4）汽车贷款和其他消费品贷款还剩多少。汽车贷款和其他消费品现在所欠的贷款都要算进去。

（5）其他银行贷款。不管是小额的还是大额的都别忘了计算进去。

将这五者相加就是你的负资产总额。用你的总资产减去你的总负资产就是你目前理财可以运用的资产。

现在你是否已经对自己的资产概况有一定的了解了呢？你是资产较少，还是资产雄厚，又或者是入不敷出呢？如果是入不敷出，那么显然需要反省自己的理财方法了；如果你是资产较少，那么不妨尝试一种新的、更有效的理财方法；如果你是资产雄厚，那么请在与时俱进的前提下将已掌握的有效理财方法继续发扬光大。

在明晰了自己的资产之后，就可以根据自己的资产状况、理财目标以及自身的风险承受能力等情况，来制定适合自己的理财方式了。具体可分为以下三种方式：

第一，冒险速进型理财方式。这一方式适合那些收入颇丰、资产雄厚、风险承受能力强、希望个人财富迅速增长的理财人士。这种理财方式具有高风险和高收益的特点，往往带有投机的性质。一般而言，这种理财组合在金融工具上的比例为：期货、房产等理财占总资产的50%左右，股票、债券等理财占30%左右，而储蓄、保险等理财占20%左右，总体理财结构类似一个倒金字塔。

第二，稳中求进型理财方式。这一方式适合那些收入在中等水平以上、资产较少、风险承受能力较强的理财人士。他们不满足于获得保守的平均收益，希望个人财富能够较快增长。这种理财组合结构类似一个锤形，各种理财的比例分别为：储蓄、保险等理财占总资产的40%左右，债券等理财占20%左右，股票、基金等理财占20%左右，其他类型的理财占20%左右。这一理财方式的特点是"锤柄"高风险高收益，"锤头"收益稳定，即使"锤柄"断了，"锤头"也依旧能够基本保护理财者的本金和收益。

第三，保守安全型理财方式。这一方式适合收入较低、以资金安全为前提要求的理财人士。这一类型的理财组合比例一般为：储蓄、保险等理财作为总资产的主要部分，其中储蓄大概占60%，保险占10%；债券理财占20%左右，其他理财共占10%左右。这种理财方式的特点是收益稳定、风险小，本金比较安全。

这三种理财方式代表了高、中、低三种资产人群的典型理财模式。总而言之，审视自己拥有的资产，能够让我们更好地了解自己目前的经济处境，知道自己有多少财可理，制订出最适合自己的理财计划；而且还能够帮助我们检视理财效果，以便及时做出调整。

复利创造奇迹，理财宜早不宜晚

世界"股神"巴菲特说："复利就好比从山上往山下滚雪球，最初的时候雪球比较小，但是随着雪球往下滚的时间不断延长，只要雪球松紧得宜，最后雪球就会越滚越大。"复利是巴菲特财富不断增长的秘诀之一。巴菲特11岁时就购买了人生的第一只股票，他的大部分财富都是经过了六十多年的时间，在复利效应中获得的。伯克希尔的发展壮大就是巴菲特运用复利理财的典型成功案例。

巴菲特认为："理财就好比滚雪球，最主要的是能够发现很湿的雪和足够长的坡。"换言之，理财者要有准确的目标和长期不懈的坚持，才能让复利创造奇迹。对于理财人士来说，理财宜早不宜晚，因为累计的时间越长，利滚利的时间也就越长，复利累进的效应也就越大。

我们经常说时间就是金钱，这句话用在理财领域非常合适，理财宜早不宜晚。因为相同的资金，早10年理财和晚10年理财的回报是大不相同的。越早理财，意味着越早把握住了赚钱的时机，也意味着越早享受理财带来的好处。

那么，为什么理财宜早不宜晚呢？下面我们一起来看一个例子：在年收益率10%不变的情况下，假如你从20岁开始理财，每个月投入100元，等你60岁的时候你就会拥有63万元；假如你从30岁开始理财，每个月投入100元，等你60岁的时候你会拥有20万元；假如你40岁开始理财，每个月投入100元，等你60岁的时候，会有7.5万元；假如你50岁开始理财，每个月投入100元，等你60岁的时候，你只能拥有2万元。

数据最能说明问题，20岁开始理财的收益要比30岁再开始理财整整多出43万元，30岁理财的收益要比40岁理财多出12.5万元……早十年理财和晚十年理财之间收益的差距是巨大的，显而易见，越早理财得到的收益越多，这就是经济学上的"复利效应"。

那么，什么是"复利"呢？所谓"复利"就是利上有利，复利的计算是对本金及其产生的利息一并计算，也就是把上期的本、利相加的总和作为下一期的本金，所以在计算时每一期本金的数额是不同的。这也是为什么从20岁时开始理财的收益能比 30 岁时开始投理财多出 43 万元，而从 30 岁开始理财的收益却只比从 40 岁时再开始理财多出 12.5 万元的症结所在。

爱因斯坦说过："复利堪称世界第八大奇迹，其威力比原子弹更强大。"至于强大到什么程度，让我们用一个更加直观的例子来说明：如果在 100 万元钱和 1 元钱之间做出选择，是选一次性给你 100 万元钱，还是选择第一天给你 1 元钱，以后每天所给的钱是前一天的双倍，如此累加一个月呢？可能会有很多人选择前者，因为 1 元钱的吸引力实在太小了，很多人都不会费心去计算一个月后它会有多少。然而事实真相却是令人惊讶的，经过一个月的累加，在第 30 天时你得到的钱已经超过了 10 亿元！

尽管"复利效应"没有将理财的风险和客观因素的影响计算在里面，且假设复利率永远为"10%"或倍数增加也很难实现，但是持之以恒的"以钱生钱"的理财策略所带来的财富可能会远远超出你的估量。

了解了复利的神奇力量后，我们可以从中获得哪些启示呢？

（1）要进行理财。开启复利力量的第一步就是进行理财，只有进行了理财，才能让现有财富像滚雪球一样越"滚"越大。

（2）要尽早理财。时间越长，复利的"力量"就越大。

（3）要保持持续、稳定的收益率。收益率越高，复利所带来的收益就会越多，但是稳定的收益更加重要，一时的高收益率并不能为财富带来更好的增值，只有长久的、稳定的高收益率才能帮助我们更好地实现财富增值。

（4）要防止大的亏损。复利的力量需要正收益率的连续性才能发挥出来。如果在理财期间出现了亏损，也就前功尽弃了，而复利效益也会戛然而止，一切都需要从头再来。因此，在利用复利的原理致富的过程中一定要避免较大的亏损。

总之，合理安排你的财产才能给你带来更多的财富，而越早开始理财，你的财富才会越多。不要再把理财当作一个计划，更不要把"理财宜早不宜晚"当成一句空洞的口号了，而要尽快将它变成你的实际行动。尤其是在你已经见识到时间复利的巨大威力之后，你还有什么理由不从这一刻就开始自己的理财之路呢？

生活理财笔记

巴菲特从小就开始了自己的理财之路。他认为一只优良的股票完全可以长期持有，他甚至会持有一只股票十几年甚至几十年，因为他知道复利效应会给他带来非常丰厚的回报，伯克希尔公司的发展壮大就是证明。复利效应的威力是巨大的，理财要趁早就是基于此。早一天理财就能早一天让自己获得更加稳固的生活基础，进而拥有享受幸福的更大可能。

你不理财，财就不会理你

谈到理财，很多收入不高的人就会说："我每个月的钱都不够花，哪里有闲钱用来'理'？"难道挣得少就不能理财了吗？当然不是！理财并不是富人的专利，每个人都需要理财。不管挣得多还是挣得少，不管你是挣钱还是消费，我们谁都离不开钱，管理好钱就是管理好我们的生活。

挣得多不一定就是富人，反之，挣得少也不一定就是穷人。不懂得管理自己的财产，再多的钱也有花完的一天；而善于管理自己的财产，挣得少也可以称为有钱人。很多亿万富翁都非常注重理财，并且在自己的儿女很小的时候就向他们灌输理财的意识。以沃尔玛集团总裁山姆·沃尔顿为例：

山姆·沃尔顿是沃尔玛集团的创始人，1992 年离世。2018年，沃尔顿家族的其中三人分别排在《福布斯》全球富豪榜的第 14 到 16 名，他们三个人的资产总额高达 1386 亿美元，比世界新首富杰夫·贝索斯的资产还多出 266 亿美元，因此被称为全球最富有的家庭。

山姆·沃尔顿在子女们小的时候就很重视培养他们的理财观念，他从来不给孩子们零用钱，并且要求他们自己靠劳动挣钱。他的四个孩子很小的时候就开始帮助沃尔顿工作，他们和普通工人一样擦地板、修屋顶、装卸货物，等等，山姆·沃尔顿则付给他们与工人相同的报酬。罗布森·沃尔顿是他的大儿子，他刚成年就考了驾照，并且承担起夜间送货的工作。罗布森很感谢父亲对自己的理财教育，他说："爸爸让我们将部分工作报酬变为商店的股份，后来商店兴隆起来之后，我们原来很小的投资就成了一份丰厚的初级资本。"

正是这些从小养成的理财习惯，使得罗布森在大学毕业时已经拥有了能够购买一所豪华房子的财富。而他的很多同学则忙于生计，在找到工作之前甚至还需要父母来养活自己。

正是因为沃尔顿家族的人深谙理财的重要性，懂得理财，他们的财富才得以延续下去。也许有的人会质疑："沃尔顿家族那么有钱，就算不理财，也照样是亿万富翁吧？"事实上并非如此，英国《每日邮报》曾经报道过这样一件事情：

16岁的英国女孩考利·罗杰斯非常幸运地中了190万英镑（约307万美元）的彩票大奖。但是仅过了不到6年的时间，她就将自己的奖金挥霍一空，不得不面临破产。这跟她无计划地消费有着非常大的关系：考利·罗杰斯先是花掉55万英镑购买并装修了四套房子；在度假上花掉20万英镑；又花掉26.5万英镑购买豪华汽车和借给家人；用45万英镑买名牌衣服、举办聚会及做隆胸手术；用7万英镑支付各种法律费用；给自己的几任男友买的礼物总价值将近19万英镑……

这位才二十出头的姑娘不到6年的时间就已经将"千金散尽"了。现在的她不得不卖掉房子，并且依靠每天做三份清洁工作来维持生计。

贫穷是因为她对自己一夜之间得来的财富没有充分地做好

规划，贪图享受和挥霍无度让她的财产一直处于有出无入的状态。这样，即使是一座金山，也有被掏空的一天。

据美国国家经济研究局调查显示，近20年来，欧美的大多数头奖得主往往不超过5年，就会因不懂理财、挥霍无度而再次变得穷困潦倒。美国彩票中奖者的破产率高达75%，换句话说，每4名中奖者中就有3名破产。

实践证明，理财是必要的。实际上，你并不是真的没有钱，而是对理财不够重视。跨越理财方面的错误理念，并且开始理财，每个人都能变得富有。下面一起来看看那些需要警惕的错误理念吧！

（1）只考虑当下，不考虑未来。很多人本来每个月收入就有限，除了房租、通信费、餐费、水费、电费以及买衣服、买数码产品等费用，再加上隔三岔五和朋友出去吃饭、唱歌等开销，几乎月月做月光族。这种生活虽然潇洒，但是一旦发生某些意外情况就只能"两眼一抹黑"了。其实，有些"面子"消费应该能省则省，比如衣服、鞋子、数码产品，等等，如果你不是"富二代"，那么你是不具备挥霍的资本的。现在不理财，等到了没工作、没有收入的时候可就真的"无财可理"了。

（2）好高骛远，目标太大。有些人只幻想自己以后的收入会有多高、能赚多少，而对眼下的收入视而不见、不闻不问，好像非得要铆足了劲儿等以后自己的钱多了才去关心它的去向一样。事实上，现在不理财，将来不可能有很高的收入。

（3）有钱人才需要理财。这也是最典型的理财误区。相对于有钱人，"没钱人"在教育、医疗、住房、养老等各个现实方面都面临着更大的压力。特别是男人，男人是家庭的顶梁柱，是父母妻儿的依靠，生活中处处离不开钱，因此更需要通过正确的理财手段来增加自己的财富。请记住，理财不是专属于有钱人的。

理财者必须明白这样一点：越是没钱，越是需要理财。你不理财，财富就不会理你！

生活理财笔记

把出去娱乐的钱省下些吧，因为这份娱乐的钱，经过合理的理财手段很可能会变成一笔不小的财富。要知道，我们追求的事业、爱情、幸福，等等，都需要建筑在物质基础上，因此从现在开始理财吧！

合理制订理财计划

人们常说"凡事预则立，不预则废"，也就是说，不论做什么事情，事先做好充分的准备就容易获得成功，不做准备就会面临失败。其实理财也是同样的道理，理财者在理财之前也要做好充分的准备。而根据自身的实际情况，制订一份合理的理财计划，就是这些准备工作中最重要的一项。

有调查数据指出，在100个人之中，经过漫长的一生，对自己的物质生活、财富累积感到满意的人大约只有一个人；而其中25%的人在退休后仍然需要继续工作；有50%的人经济不能完全独立，或多或少都需要别人或者社会的救济。由此可以看出，能够对自己一生做出妥善的财务计划的人实在少之又少，换言之，很少有人具有清晰而明确的理财规划意识。

事实上，人生如果没有理财计划，就会在财务、经济上陷入一团混乱之中。虽然并不是每个人都必须以成为大富翁为目标，但是，维持自己起码的经济独立却是人们对自己最基本的要求。仔细观察社会上的成功者，虽然他们的家庭、教育背景各有不同，但是他们在理财方面却都有一个共通之处，就是能够确立坚定不移的财富目标，并为之制订合理的理财规划。

拥有财富梦想、懂得理财计划的人，无论在什么情况下都有办法把不该花的钱牢牢地收进自己的钱包中；他们总是十分努力地寻找有效的方法以实现自己的财富梦想。的确，财富并不会自动找上门，要想拥有它，就必须不断去寻求有效的方法，制订相应的计划，并且执着地执行计划，这样才能梦想成真。

美国的一位财富学专家询问了400位富翁致富的秘诀后，归纳总结了有效的致富计划，其中说到必须注意这样六个细节：

第一，必须确切地明白自己的财富梦想是要拥有多少钱，而不是抽象和笼统地希望赚"很多钱"，对于这个具体的数字，必须牢记在心上。第二，怎样才能得到自己所希望获得的财富，具体应该怎样去做才能实现梦想，这一点非常重要。第三，给自己规定一个实现梦想的期限，尽量在期限内去实现它。第四，在计划订立之后，不要让计划停留在口头上，要付诸实践，否则就会成为"思想上的巨人、行动上的侏儒"。第五，详细标明在某个时段要获得多少金钱，通过什么方式获得这些金钱，自己实践的结果如何。第六，每天最少朗诵两次自己写的计划表，最好是一次在早上刚起床的时候，另一次在晚上工作完时，这样可以增强自己追求财富的信念。

事实上，这六个细节并没有什么高深的学问，但是，要想理财就一定要有恒心和毅力，有技巧地去实践它。此外，理财专家们还总结出了理财致富的几条规则，被称为理财的黄金法则，这些法则很值得借鉴。

（1）把支出记在纸上：预算专家的理财建议指出，每个月把自己支出的每一分钱都准确地记录下来，可以知道钱花在了什么地方，以便于做出预算改进。

（2）做一个适合自己的预算：首先，列两张表，一张是列出所有开支项的表，一张是列出所有收入项的表。两表对照之后，就知道应该花多少钱，将钱花在哪些项上面。其次，还可以向理财咨询公司求助。

（3）学会聪明地花钱：用最少的钱办最多的事、用最少的钱买最好的东西才是聪明的花钱方式。在现实生活中，合租房子、拼车、跟团旅行等都是很聪明的花钱方式。

（4）避免因债务而烦恼：生活中有不少人管不住自己的消费欲望，导致收入与支出不成正比例关系。他们借钱消费，或者刷信用卡提前消费，背负债务。当债务过多的时候，人就容易陷入无穷无尽的烦恼中，完全没有快乐可言。因此，除非必要，否则千万不要让自己背上债务。

（5）缺钱要去银行贷款：生活中，在很多人急需用钱而自己又没有钱的时候，多会选择向亲戚、朋友借，但是这样的做法很有可能让自己失去朋友，还有的人选择高利贷等也同样会让自己陷入无穷无尽的麻烦之中。其实，这个时候的最佳选择是向银行贷款，这样可以把借钱的负面影响限定在最小的范围内。

（6）购买必要的保险：或许你已经发现，在现实生活中一旦生病住院或者遭遇意外事故，都会严重增加自己的经济负担，甚至很有可能使自己陷入经济困境之中。而购买一些医疗保险或者意外保险能够避免这些情况的发生。

（7）要教育孩子养成对金钱负责的态度：孩子的经济支出是很多家庭的一项主要支出，如果能够让孩子的支出合理化，那么就会为家庭节约出一大笔钱。关于这方面，作家史蒂拉·威斯顿·图特教育孩子理财的方法值得借鉴。他在银行为女儿开了一个专门的存折，并将它交给了 9 岁的女儿，女儿可以把自己的零用钱存进去，当需要用钱的时候可以支取。在这个过程中，女儿不仅学到了很多知识，而且也培养起了有计划地进行经济生活的意识。

总之，学会制订理财计划，将收入放到最需要的地方，对金钱做最合理的支配，这样才能轻松、愉快地过一生。

生活理财笔记

当你下定理财的决心之后，首先要做的就是根据自己的实际情况，制订一份切实可行的理财计划，因为任何一个聪明的人都"不打无准备之仗"。当然，制订计划之后，更重要的是能够按照计划坚定不移地去实施。

懂得认错的人才会赢

乔治·索罗斯，本名捷尔吉·施瓦茨，世界著名的货币投机家，股票理财大师，现任索罗斯基金管理公司与开放社会研究所主席。

人们习惯把索罗斯称为金融大鳄，然而索罗斯的梦想却不是金融家，而是哲学家。他非常推崇"反身性"和"易错性"两个哲学原则。索罗斯认为，人们实际上并不了解自己生活的世界，且人的认识先天是有缺陷的，这就使得人们学到的知识并不足以指导人们总是做出正确的行动，这就是"易错性"。

在索罗斯的理财原则里最重要的一点，即勇于承认错误并及时改正错误。

索罗斯这样说过："可能对于别人来说，犯错是一种羞耻，但是对于我来说，认识到自己的错误使我感到自豪。只要认识到不完美的认知是很正常的事情，那么就不会觉得犯错误是一种羞耻，而真正的羞耻是没有及时改正错误。"

有一次，索罗斯和一位叫吉恩·罗赞的交易员就股市行情谈论了一下午，索罗斯认为后市会非常糟糕，并且分析得条条是道。结果几天之后股市大涨，屡创新高，事实证明索罗斯的论断是错误的。吉恩·罗赞非常担心索罗斯建立的头寸会损失惨重，于是向他询问目前损失如何，不料索罗斯却出人意料地回答说："我不但没赔钱，还大赚了一笔呢。因为我后来又认识到自己是错的，你是对的，所以我改变了策略，不仅把之前的空头头寸补上了，而且建立起了很大的多头头寸。"

索罗斯总是能够很快地改正自己的错误，就算跟随他人，他也不会觉得不好意思，相反，只要改对了，他就很自豪。

索罗斯认为，尽管犯错误并不是什么光荣的事情，但犯错也是理财的一部分。所以他在理财之初往往会假设自己所建的仓位也许是错的，并且时刻警惕市场的变化，这样，他就能够比其他人更早地发现自己的错误并及时改正。索罗斯在接受媒体采访时曾经这样说过："我敢于承认自己的错误，当我觉察到自己做错了的时候，我会立刻改正，这一点对我的理财事业帮助很大。我的成功不是因为我总能够做出正确的预测，而是因为我总能够发现、承认并及时改正自己的错误。"

在现实生活中，每个人都会犯错，并且可能经常犯错，因此，在理财时犯错是再正常不过的事情。索罗斯对待错误的态度告诉我们，在理财时我们要有承认错误的勇气，要有知错就改的决心，不断调整自己的理财行为，才能获得利益。要想在自己犯错后仍能取得成功就要做到以下几点：

首先，理财者要知"错"。人们之所以会犯错误是因为认知上的局限性，这种局限性是不可避免的。从理财市场的角度来说，理财市场虽然会遵循一定的经济运行规律，但是它还受到政策、国际局势、理财者的行为等各种因素的影响，这就导致了市场失灵现象的发生，因此理财的理论模型只能作为参考，而不能盲目迷信；从理财者的角度来说，普通理财者的理财知识不如专业理财者丰富、全面，而那些在理财市场"摸爬滚打"多年的理财大师们的经验虽然具有借鉴作用，但是这些经验中也往往带着一些主观性错误，因此，理财者在认知上存在局限性也是很正常的。

简单来说，理财者要明白，错误会经常发生，这是谁也不能避免的事实，每个人都会犯错误，不仅普通理财者会经常犯错误，那些专业理财者，甚至久负盛名的理财大师们也会犯错误，比如彼得·林奇、乔治·索罗斯、沃伦·巴菲特等人都在许多场合承认过自己的失误。

其次，理财者要勇于认"错"。虽然人们都知道"知错就改，善莫大焉",但是在现实生活中人们却并不甘愿承认错误。在股市上,很多散户往往会陷入这样一个怪圈——抛出的总是正在赚钱的好股票,持有的却是不断亏损的烂股票。为什么会出现这种现象呢?实际上这就是一种不愿意承认错误的表现,因为一旦抛出亏损的股票就意味着承认错误理财,因此,很多散户总是在做这样的傻事——用赢家来补贴输家,即拿好股票赚来的钱填垃圾股票制造的"窟窿"。

不愿意卖掉亏损的股票,不愿意承认错误,导致另一个更大的错误,即把好股票抛掉,失去赚钱的好机会。因此,"认错"对每个理财者来说都非常重要。索罗斯曾经说过:"认错的好处在于能够刺激并增强批判力,让人不得不深入审视自己的决策,发现错误并及时修正。"

最后,理财者要勇于改"错"。在理财市场上没有绝对的正确和错误之分,一般我们将赚钱和亏钱作为判断标准。

理财者可以为自己制定一些纪律来规范自己的理财行为,比如设置止损位。理财中发生错误在所难免,如若不及时改正错误就很可能血本无归,而止损是一个及时纠正错误的好方法。

在做到了以上三点之后,还要懂得总结过去的经验教训,争取"不在同一个地方摔倒两次"。此外,需要强调的是,未来的错误还会不断发生,理财者要保持良好的心态,在不断发现错误、改正错误的过程中,找到最适合自己的理财方式。

保住本金——留得青山在，不怕没柴烧

1956 年，巴菲特以 10 万美元为资本创建了一个家庭合伙公司，后来他把自己赚来的所有钱都投在了这个公司里。每年，他都会给自己的合伙人写一封信，信里面总会有这样的一段内容：

亲爱的合作伙伴们，我无法向你们承诺任何结果，但是我能够承诺这样两点：

第一，我们的理财对象一定是那些有价值的非热门的产品。

第二，我们的操作原则是尽量将永久资产损失降到最低限度（最低为零损失）。

巴菲特所要表达的一个重要信息是，我们会首先保住大家

的本金，然后在这个基础之上争取谋得更多的收益。巴菲特在自己的理财生涯中始终坚持这两点原则：一是保住本金，二是无条件遵守第一条。实际上，这对于每个理财者来说都是至关重要的。

俗话说得好"留得青山在，不怕没柴烧"，保住了本金，才能有继续理财的资本。本金是理财的种子，没有了本金这个种子，就无法继续播种，更不可能有所收获了。

在理财中，谁都不能避免亏损。亏损发生的时候，很多理财者都会抱着市场会反弹的信念，认为只要自己坚守下去，自己购买的产品就会大涨，而如果自己抛了就只能接受损失了。然而现实很少按照理财者的期望走，因为没有及时止损，很多理财者血本无归。我们都知道理财是为了获得收益，即使没有收益，也一定要保住自己的本金。

固执己见不仅不会获得收益，还可能搭上自己的本钱。在理财中，保住本金甚至比获得收益更加重要。

首先，在理财中，能保住本金实际上就是赚钱。

几乎所有的理财大师和专业理财人士在进行理财的时候都最看重稳定性。他们都是控制风险的老手，为了最大限度地降低理财风险，他们更喜欢长期理财，比如他们很少购买短期债券，而更青睐于购买长期债券。

本金是富豪们发家致富的前提，几乎所有富豪理财的第一步都是储蓄。举个例来说，巴菲特从6岁时就已经开始储蓄了，每个月存30美元，一直存到13岁时，他拥有了3000美元。他用这些钱购买了生平第一只股票，开始了他的理财之路。在以后的日子里，他每年都坚持存钱，坚持理财，一直坚持了80年，最终成为世界上数一数二的富豪。

韩国知名理财专家慎永根曾经说过："一个人事业的关键是将来能够得到多少收益，但比这一点更重要的是你能不能在将来还能保住现在手里的本金。"实际上，巴菲特、索罗斯、罗杰斯等理财大师们选择理财产品的大前提都是一样的，那就是"赚钱很重要，但是保住本钱更加重要"，因此他们并不渴望一夜暴富，而是通过长期持有绩优股来获得利润。而那些想要一夜暴富的理财者，通常都缺乏耐心和稳定性，其结果往往是赔了夫人又折兵，甚至搞得自己倾家荡产。

其次，失去了本金，就等于失去了所有的机会。

池荣俊，韩国牙科医生，通过购买房产而成为亿万富翁。在被问到致富秘籍的时候，池荣俊医生表示，他更重视资产的稳定性，即保护本金。这是因为赚不到钱不会把人逼进死胡同儿，但是倘若把本金搞没了，那就再也没有翻身的机会了。

很多人都只看到巴菲特是一个赚了数百亿美元的金融大师、大富翁，却很少有人看到他这40年从没赔过本。这就是世界上能匹敌巴菲特的人少之又少的原因之一。在理财大师的价值观里最重要的一点是保住本金，遗憾的是，许多理财者都把眼光聚集到了自己能获得多少利益之上。换言之，大多数理财者不仅仅是想通过理财赚钱，他们更想发横财。

不要相信那些短期内能把本钱翻几番、甚至几十番的"天方夜谭",就算是巴菲特这样的传奇人物也没碰到过回报翻一番的情况,他40年理财生涯的年平均收益率仅为26.5%。因此,对于理财者来说,要先学会如何控制风险,保住本钱,然后才是如何赚取高额的利润!

最后,每一位理财者都应该清楚地认识到,没有风险就没有收益。

我们都知道,所有的理财都会伴随着各种各样的风险,虽然风险的大小有所不同。在理财中,风险意味着可能会导致损失,但是同时也意味着赚钱的好机会。理财者要想得到获得收益的好机会,就必须承担一定的风险。

比如,2003年年初,巴菲特以每股约1.6港元买进"中石油"的H股,斥资近5亿美元。2003年的前半年,"中石油"的港股股价一直在1.65—1.98港元之间浮动,也就是说,巴菲特的近5亿美元大概被套牢了半年,这种风险是一般理财者根本无法承受的。2007年时逢大牛市,"中石油"股价达到12元左右,这一年巴菲特大量减持手中的"中石油"股票,他在"中石油"这一只股票上赚了40亿美元。

因此,重视本金不等于放弃收益。理财者在理财中要做的不是规避一切风险,因为放弃一切风险也就意味着放弃一切赚钱的机会。对于理财者来说,学会管理和控制风险才是保住本金的良策。

综上所述,对于理财者来说,在稳定性中追求利益,即稳中求胜是最佳的理财模式。

如何看待理财中的风险

　　弗雷德·史密斯，1965年毕业于耶鲁大学，联邦快递公司的创始人，被誉为"创造了一个新行业的人"。弗雷德·史密斯是一个极富冒险精神的成功的企业家，他为了追求自己的理想可以不屈不挠地冒险。

　　1969年，史密斯萌生了建立一家提供"次日送达"服务的快递公司的想法，经过仔细考虑，他决定赌一次，决定投入自己的全部家当——800多万美元。这个项目很快吸引了一些投资人士的注意，后来这些投资者共投入了4000万美元，几家看好史密斯的银行也投入了4000万美元，最终史密斯获得了近9000万美元的风投资金，这也成为美国有史以来单项投资金额最大的项目。

在史密斯的倡导和运作下，1971年6月1日，联邦快递公司正式成立，并于1973年4月17日开始营业。起初，联邦快递公司在22个城市开展业务。没多久，公司就出现了严重的亏损，史密斯几经努力也未能扭转形势。后来，公司负债越来越严重，甚至连工人的工资都快要无力支付了，面对破产的危机，史密斯的做法是去拉斯维加斯赌一次。结果，在无可奈何之下的冒险之举，真的让他从二十一点纸牌游戏中赢来2.7万美元。最终，联邦快递公司走过了生死关。1980年，联邦快递公司的营业额为5.9亿美元，盈利接近6000万美元，每股上涨至24美元，而史密斯也成了富豪。

如今，联邦快递公司已经成为全球最大的快递企业，业务遍及全球220个国家。回想自己险象环生的创富之路，史密斯说："我认为冒险并不是最危险的道路，真正最危险的道路是不采取任何行动。"

在理财市场中，选择是最重要的，何时行动、采用什么样的方式行动，这些都决定了你的理财行为能否为你带来利润。然而，有选择就会有风险，世上的事情没有一件是完全可以确定或保证的，风险和利润总是相伴而行。而像弗雷德·史密斯一样能够正确认识风险的人往往能够获得巨大的利润，而那些惧怕风险的人则往往很难有所作为。

那么，理财者应该如何看待理财中的风险呢？专家们认为，理财者应该客观、理性地认识风险、面对风险、管理风险。在既定收益水平下最大化地降低风险，或者在同一风险水平上最大化提高收益是理财的重要方法之一，因此，清楚地认识到自身的风险承受能力和理财产品的风险，在自身可接受的风险水平上对理财产品进行合理选择是至关重要的。

1. 风险承受能力评估

一般来说，在进行理财前，理财者应该主要从三个方面评估自身对风险的承受水平：

（1）评估风险承受能力。根据自己的年龄、就业状况、收入水平及稳定性、家庭负担、资产状况、理财经验与知识估算出自身风险承受的能力。

（2）确认自己对风险的态度（风险偏好）。如果对本金损失可容忍的损失幅度大，那么属于风险追求者；相反，如果可容忍的损失幅度小，则属于风险规避者；而可容忍的损失幅度处于中等水平时则属于风险中立者。当然，理财者也可以通过一些专业的心理测验了解自己的风险偏好。

（3）明确自己的心理承受能力。换言之，即自己在心理上能承受多大的风险或损失。在理财时选择的产品如果超过了自己的心理承受能力，很可能会影响自己的身心健康等。

2. 选择风险水平合适的理财产品

在了解了自身的风险承受情况后，理财者还要明白，每一种理财产品都具有自身特有的风险水平。在理财过程中，理财者选择的理财产品的风险水平应该与自己的风险承受状况相符。下面就让我们来具体了解一下。

（1）风险承受能力低、对风险的态度是规避、心理承受能力弱的理财者适合选择低风险程度的理财产品，这类理财产品主要有银行存款和国债。

（2）风险承受能力和心理承受能力属于中下水平的风险规避理财者，可以选择较低风险的理财产品，这类产品主要包括各种货币市场基金或偏债券型基金，它们主要存在于同行拆借市场和债券市场，而这两个市场本身所具有的典型特征就是低风险、低收益率。

（3）如果理财者风险承受能力和心理承受能力一般，对风险又是持中立的态度，那么中等风险的理财产品会是不错的选择。这类产品主要包括信托类理财产品和股票型基金。信托类理财产品是由信托公司面向理财者募集资金，提供专家理财、独立管理，理财者自担风险的理财产品。由于有专家的支持以及信托公司强大的经济实力，因此风险相对较低，但是理财者选择这类产品时，仍需要注意募集资金的去向、还款来源是否可靠、担保措施是否充分、信托公司的信誉是否良好等。

（4）对于那些追求高收益率，同时风险承受能力高、心理承受能力强，又偏好风险的理财者来说，当然是选择高风险、高收益的理财产品。这类产品主要有股票、期权、黄金、艺术品等，由于这类产品市场瞬息万变、动荡起伏，因此，理财者最好具有专业的理论知识、丰富的理财经验和敏锐的判断分析能力，这样才有可能获得收益，否则极有可能亏损。

总而言之，要想自己的理财有所收益，要想真正踏上致富的道路，就一定要有正确的风险意识，那些善于创造财富、增值财富的人深谙这样一个道理，即风险与理财收益成正比。他们从不惧怕风险，他们怕的不是风险大，而是没有风险。当然，这种敢于挑战风险，是在把握规律、认清形势的前提下，将风险管理在最小的范围内，并且大胆地去追求高额的利润。而那种明知不可为而为之的固执、任性是绝不可取的。

总的来说，理财者要敢于冒险，才能取得高利润，但是冒险必须以将风险管理在自己的承受能力范围内为前提。

生活理财笔记

对于风险承受能力较低的理财者来说，储蓄、凭证式国债、人民币理财产品、货币市场基金、记账式国债等都是不错的选择。当然，如果理财者对资金流动性要求高的话，可选择储蓄、货币市场基金等。相反，对于风险承受能力较高的理财者来说，炒房、炒股、炒黄金等都是不错的理财方式。但是应该谨记的是，切不可盲目追逐理财热点，不可一哄而上；应该根据自己的风险承受能力及产品的风险特性来选择一种或多种理财产品。

"稳赚不赔的理财秘籍"是不存在的

"股神"沃伦·巴菲特认为理财市场就好比一个狂躁抑郁症病人，一时兴奋上扬，一时消沉低迷，没有人能够准确预测市场的走势，而且预测市场走势的行为本身就是不理智的。巴菲特和索罗斯、彼得·林奇等多位理财大师一样，相信"有效市场假说"，换言之，他们认为市场不会永远理性，市场是不断变化的，没有谁能够永远战胜市场。

在现实生活中，许多人为了追求理财收益，无所不用其极地打听理财秘诀，如打听名牌股票、内线消息，参加各种理财培训班、听专家讲座等，企图稳赚不赔。然而，稳赚不赔的理财秘籍根本就是不存在的。

很多自称专家、名师的股市分析师"口沫横飞"地说自己的预测非常准，还举了很多例子来证明自己看盘功力之强，希望你能加入他的协会，听他讲的培训课程。但是，如果这些专家真的掌握了秘诀，能百分之百准确预测股票是涨还是跌，他早就成了百万富翁了，何必为了一点会员费和培训费而煞费苦心呢？

因此，所谓让人稳赚不赔的理财秘诀是不存在的。当然，理财还是有其规律可循、有章法可依的。懂得这些法则固然不能够稳赚不赔，却是成功理财的基础。只有了解并尊重它们后再进行理财，才有获利的可能；并且随着你对它们的熟悉程度、尊重程度、执行程度的加深，获利的可能性也会加大，而理财风险也会相对减小。

下面就让我们一起来看一看以下五条必须遵循的理财法则。

1．衡量资产负债与现金流量，理财要避免盲目性

衡量资产负债和现金流量是理财者在理财之前的必要准备工作。通过对资产负债和现金流量的衡量，能更好地了解资产净值（资产－负债＝资产净值）情况，而资产净值越多，则说明理财资金越充足。一般来说，负债水平应该控制在一定范围内，不能超过扣除每月固定支出及储蓄所需之后的资金剩余量。而偿债方面，则是以优先偿还利息较高的贷款为原则。

若资产净值情况良好则可以进行理财，以实现财富增值。但理财一定要避免盲目，不能随性理财，也不能跟风理财，更不能胡乱理财，要知道盲目地理财往往不会获得较高的报酬，即使有一点点收获，那也是侥幸。

相反，如果能够根据自己的实际情况，将不同功用、不同理财期限、不同风险的理财产品进行组合，让自己的已有资产发挥最大的效用——不仅能够让财产保值，而且能使财产最大限度地增值，这才是明智的理财。

简单地说，我们应该在全面详细研究自己的资产负债状况的前提下，以保守或稳健的理财组合来逐步增加自己的资产。

2．根据理财属性与机会成本选择标的

我们常常会在心中产生这样的疑问："到底买 A 还是买 B，哪一个更赚钱？"那么怎样从琳琅满目的理财商品中选择出自

己真正想要的、好的商品呢？

其实，理财产品并没有绝对的好坏之分，适合自己的才是最好的，不适合自己的，即使有可观收益率也未必是好的。在选择时，可以以理财属性和机会成本为依据。例如，你有一笔资金，但不知道是用来购买房地产还是股票。股票和房地产同样都属于高收益、高风险的理财产品，如果要从中做出选择，首先要清楚理财属性的相关问题：你有多少资产；预计投入金额是多少；购买房地产（股票）的金额在总额中所占有的比例是多少；需不需要贷款融资；需要贷款融资多少钱；融资利率又是多少……接下来还要考虑机会成本的相关问题：房产的地理位置如何；属于什么户型；该房产有何种用途；股票发行公司属于什么行业；其前景如何；股票的历史表现如何；房产（股票）升值空间有多大……只要弄清楚了这些问题，就能够轻易地选出满足自己要求、适合自己的理财产品了。

3. 风险掌控与紧急危难预防措施不可少

理财存在风险，并且越是能获得高收益的理财，存在的风险就越大，为了避免亏损，一定要进行风险掌控，并且对理财过程中可能出现的各种意外、突发、紧急、危难情况做出预测，并制定相应的预防和应对措施。这样才可以将风险的程度降到最低，而且即使风险发生，也能够将亏损降到最低。

4. 理财要有长远规划和坚定的信念

人们通过理财来实现财富增值是需要一个较长的过程的，要想通过一次理财就聚集到足够的财富是不现实的。要知道，不可能会有单次报酬率高达千倍的标的，要想获得千倍的报酬，只有通过成年累月的复利效用。因此，我们对理财一定要有一个长远的规划，并且对其抱有坚定的信念，不要因为市场的一时好坏而放弃。

5. 理财不能影响正常的家庭生活

高额的报酬固然十分诱惑人，但通过理财以增值财富的最终目的还是让自己生活得更好，倘若以正常的家庭生活开销为代价进行理财的话，一旦失败，生活就会陷入不堪的困苦中；而且这样的理财无疑是毁灭性的失败，它使得通过后续理财赢回财富的可能性变得微乎其微，试问，一个人如果连自己最基本的生活都不能保障，又怎么能有能力做理财呢？因此，理财一定不能影响正常的家庭生活。

一般来说，理财不能倾囊而出，要留出一个月生活所需费用的 3 倍至 6 倍的资金作为失业、事故等意外或突发状况的应急资金；又或者遵循"4321 法则"，各类理财资金占收入的40%，家庭生活开支用去收入的 30%，银行存款以备应急之用的部分为收入的 20%，剩余的 10%用来购买保险，这样才能确保生活无忧。

总的来说，世界上根本不存在稳赚不赔的买卖，当然也就更不存在稳赚不赔的理财秘籍。理财者要理智对待理财，正确看待理财的风险和收益，切勿相信那些"小道"消息；要想使自己在理财市场上赚多赔少，坚持理财的原则是非常必要的。

正如巴菲特等金融大师所坚信的，市场不可能永远有效，市场也不可能永远理性，因此预测市场走势、寻找理财必胜的诀窍等行为都是不理智的、愚蠢的。在理财领域，不存在稳赚不赔的秘籍，要想制胜，唯一能做的就是遵循市场规律，多学习、多总结经验教训，培养自己的理财眼光。

理财必须遵循的"十律"和"十戒"

安德烈·科斯托拉尼是德国著名的金融大师，被誉为"德国的沃伦·巴菲特"。科斯托拉尼十几岁时就购买了自己人生的第一只股票，他热爱理财事业，难以抗拒理财所带来的快乐，他一直称自己为投机者。他在35岁时就赚够了足够享用一生的财富。

不过科斯托拉尼的理财生涯也并不是一帆风顺的，他经历过两次世界大战、多次经济危机，并曾经两次面临破产，不过正因为经历了这些，他才积累了丰富的理财经验，总是能够凭借自己过人的理财能力使自己在面临困难时化险为夷。他的证券理财生涯长达八十多年，这使他在这方面积累了丰富的经验，因此，他被誉为"20世纪股市的见证人"，著有《一个投机者的告白》一书。

安德烈·科斯托拉尼在其代表作《一个投机者的告白》中总结了自己一生的理财经验和教训，他的很多理财观点都非常值得我们借鉴，其中"十律"和"十诫"为科斯托拉尼理财观点的精华。下面具体介绍这"十律"和"十诫"。

1．十律

所谓的"十律"包括这样十点：

（1）对理财有自己的主见、绝对不跟风理财，能够独立思考、谨慎决策：是不是真的值得买进？倘若值得买进，那么什么时间、在哪个交易所、买进何种类型的证券都应该谨慎考虑。

（2）要时刻保证自己的资金充足，这样才能避免压力过大，影响自己的判断。

（3）理财者要有耐心，尤其是当事情的发展方向跟预期的方向相悖的时候，更要冷静处之，必须明白所有的事情都不可能完全按照预期的方向走，实际走势和预期不符属于正常现象。

（4）理财者要相信自己的决策能力，倘若认为自己的决策是正确的，那么不要管别人说什么，坚决地执行它吧。

（5）理财者要具有灵活的思维方式，且能够考虑到自己认知中可能会存在的问题或错误。

（6）倘若市场出现新的情况，要根据实际情况及时调整自己的理财组合。

（7）经常检查自己目前持有的股票清单，并根据当前股市的情况及时调整股票的理财组合。检查范围包括股票现在的价值和未来的升值空间、持有量是否合理，等等。

（8）理财对象的发展前景一定要是长远的。

（9）理财者要提前考虑到理财可能会遇到的所有风险，包括那些看起来发生的可能性很小的风险。

（10）理财者要保持谦虚谨慎的心态，无论赚了多少钱或是赔了多少钱，都要保持良好的心态，这一点非常重要。

2. 十戒

所谓的"十戒"包括这样十点：

（1）迷信内部消息。那些所谓的内部消息、秘密信息、权威预测等都是不可信的，理财者要杜绝从众心理和跟风心理。

（2）不相信自己。总是觉得别人的决策比自己的决策更好，别人知道的信息比自己知道的要多，看别人买进就跟进，看别人卖出就跟着卖出，如若这样，长期下来必然会成为彻底的理财失败者。理财者要对自己的决策能力有信心，盲目跟风是不可能成功的。

（3）该止损的时候不能及时止损。总是妄想市场还会反弹，能够把赔掉的钱再赚回来，殊不知这种做法会让自己的损失更加惨重，越陷越深。

（4）过于信赖过去的指数。总是以为历史还会重演，过度依赖历史数据。要知道，历史不可能重演，过去的指数只能作为一种参考。

（5）犹豫不决，导致错失良机。不管是抛出，还是买进，都要及时果断地做出决策并执行，否则很容易贻误时机，失去赚钱的机会，甚至加重自己的损失。

（6）过于关注理财市场上的变化。因小波动、小趋势改变理财组合极易导致理财失败。因此，理财者对那些微不足道的小波动、小趋势要泰然处之，除非有大的趋势上的变动，否则绝不应该轻易改变理财计划。

（7）理财者切忌在刚刚赚钱或赔钱时就下结论，要知道，开始赚的钱只是数字，最后赚的钱才是利润。

（8）理财者不要一想到赚钱了就抛出股票，适当追随趋势往往能赚大钱。

（9）不要带着情绪做理财决策。在心情过度兴奋或失落的时候不要做理财决策，因为情绪化或个人偏好等因素往往会使人失去理智。

（10）不能盲目自信。理财者不能因为自己赚钱了就盲目自信，以为自己能够把握市场的走势，盲目自信不仅不会获利，还可能血本无归。

可能很多理财者都听说过"十律"和"十诫"中的一些观点，并不以为然，但事实上这些理财观点却是金融大师安德烈·科斯托拉尼多年的经验之谈，看似普通，但是每一条都非常实用。按照这二十条规则去理财的时候，就会看到它们的价值到底有多大。总而言之，理财者要想制胜证券市场，首先要做的就是谨记这些理财理念，然后按照它们的指示去理财。

生活理财笔记

"十律"和"十诫"是金融大师安德烈·科斯托拉尼的经验总结，每一个理财者都应该重视并认真地执行它们。在进行理财之前，借鉴一些大师们成功的经验，将那些理财必备的规则谨记于心，对于理财者来说是很有好处的。

第二章

不可不知的理财知识

你知道什么是理财吗？你知道如何挑选适合自己的理财经理吗？你了解利率、贴现率、存款准备金率吗？你了解 CPI、PPI 以及货币供应量对理财市场的影响吗？面对当前的通货膨胀，你是不是既想要理财，又无从入手呢？在进行理财之前，学习一些必要的理财知识有助于我们理性理财，能避免因盲目理财造成的财产损失。下面我们就一起来看看那些不可不知的理财知识吧！

什么是理财

简单地说，理财就是一种以获得未来货币增值为根本目的的经济行为。从这个概念来说理财主要有这样两个含义：

一是实现货币增值，以最大化个人收益为目的。这就意味着理财是一个经济行为过程，这样的过程持续的时间越长，未来得到的回报就越不稳定，风险越大。

二是经济行为，带有主观意识的经济行为。既然理财是一种行为，并且这种行为又受到人的主观意识和心理控制，也就是说，理财必然受人的心理影响。英国著名经济学家凯恩斯曾经用著名的"三大心理定律"之一的投资边际效率来阐释理财行为，他认为心理因素对理财的影响是很大的。

在实际生活中，哪些行为属于理财呢？人们在证券交易市场里购买股票和债券的行为是理财，在外汇和黄金市场上以升值为目的购买外汇和黄金的行为是理财，企业的股东们决定用尚未分配的企业利润来扩大生产的行为是理财，人们在房产市场上以贷款或是全款的方式购买房屋的行为是理财，人们在古董和邮票市场上购买喜欢的古玩和邮票的行为是理财……

仔细观察人们的诸多理财行为，我们可以总结出这样一点，即几乎所有的理财行为在本质上都是相同的，不管是出于追求经济利益的目的，还是出于其他目的，人们从时间跨度上依据自己的喜好来规划自己的过去、现在和未来的消费结构，这种规划的目的是实现现在和未来的效应最大化。因此，从本质上说，理财是一种延迟当下消费的行为。下面我们分别从几个角度来分析理财的概念：

从经济人的角度来分析，大到一个国家，小到一个家庭或个人时刻都在进行着种类繁复但本质一样的理财。比如，从本质上说一个国家的外汇储备就是一种理财产品，增加外汇储备就是指某个国家放弃当下消费，转而持有某些外币资产的经济行为。再比如，家庭储蓄也是一种理财行为，它是指某个家庭通过合理安排跨时间消费结构，从而保障家庭医疗、子女教育和其他支出的一种理财行为。从理财产品的角度来分析，我们也能够看到理财产品的本质，即延迟消费。比如，养老基金实质上就是一种理财行为，人们年轻的时候存下一部分收入，等到年老退休时再消费，这体现了延迟消费的理财本质。同样的，理财者购买股票、债券、期货、外汇、黄金、白银或其他金融衍生产品时，也是在延迟当期消费。

在非经济的其他人类行为中，延迟消费理财也比比皆是。比如，美国著名经济学家加里·贝克尔曾表示，人类的繁衍本身也能够看作夫妻放弃当下的物质资源和时间、精力等以获得养育子女和共享天伦之乐的幸福感的行为。因此，生儿育女也能够看作一种理财行为。"养儿防老"这句话本身就体现了一种理财性质。

确定了理财的概念——消费的延迟行为，我们很容易理解这样一点，那就是理财是一个过程。理财不是某种产品，也不是某个理财手段或理财工具，理财本身是一个计划。理财是一个能够帮助理财者实现某种目的的计划。那么，我们在理财的时候要注意哪些事项呢？

（1）理财者要明确自己当前的财务状况。一个人的财务状况是其理财计划的重要基础，很多理财决策都是在此基础之上确定的。如果财务状况不明，就无法对自己的财产做出合理有效的分配。

（2）理财者要明确自己的财务目标。一个人只有知道自己的目的地在哪里，他才能找到前进的方向。

（3）制订一份合理的理财计划（这一点在第一章"合理制订理财计划"一节已经详细阐述）。需要强调的是，对于普通理财者来说，拥有一位专业、独立的财务顾问是非常有必要的，因为他往往能够提出很多建设性的意见。不过这也就意味着需要为这个理财计划而缴费。

生活理财笔记

理财是一种延迟当下消费的行为，这也就意味着理财强调的是一个过程，而非结果，理财者需要关注的是理财之前、之中和之后的各种细节。理财的概念其实并不复杂，从狭义上通俗地来讲，它就是一种以钱生钱的经济行为。对于普通理财者来说，在进入理财市场之前先了解什么是理财是必需的。

负利率时代如何理财

人们把钱存入银行，银行都会给出一些利息作为回报，但是由于通货膨胀的存在，等到你把存款取出来的时候它能购买的东西往往要比你存进银行之前能购买的东西少，而这样的结果是因为，银行利率低于通货膨胀率，也就是负利率。

所谓负利率是指银行利率减去通货膨胀率后为负值的情况。在这种情况下，人们存进银行的钱往往会无声无息地"蒸发掉"。我国已经进入了负利率时代。

负利率一旦出现，就意味着物价上涨，货币的购买能力下降。即使银行给出了一定的利息，但这并不足以抵销掉物价上涨所带来的财产损失。简单地说，存在银行里的钱悄悄地缩水了。

在现实中，无论是理论推断还是现实感受，都将负利率课题摆在了大众的面前，但由于根深蒂固的"储蓄情结"，即使存钱即意味着财产缩水，很多老百姓仍在"坚守"储蓄阵地。银行储蓄一向被认为是人们理财最保险、最稳健的工具，但也必须看到储蓄的劣势。从长期来看，储蓄的收益率难以战胜通货膨胀率，会导致财富的蒸发，尤其是在经济陷入危机时，高度通货膨胀会使负利率加剧。

随着负利率时代的来临，传统地将钱放在银行里的理财方式已经不合时宜。那么对于普通百姓而言，应该怎样才能抵御负利率带来的不利影响呢？

（1）将财产实物化。由于负利率的出现，像现金、银行存款、债券等以货币形式存在的财富的实际价值往往都会降低；而诸如房产、贵金属、珠宝、艺术品等以实物形式存在的财富不但不会因通货膨胀而贬值，反而会获得价格的快速上升。因此，采用将现金变为实物的方法，能够帮助人们有效抵御负利率带来的财富蒸发。

（2）理财。进行理财，比如基金、股票、合伙做生意等，能够使有限的财富参与到经济循环中去，从而化死钱为活钱，有效抵御负利率的不利影响。当然，在理财的过程中，必须有理性的头脑，不能只看到利益，同时还要看到风险，逐利的同时也要注意规避风险。

（3）开源节流，做好规划。在物价不断上涨的今天，如何将每一分钱都用在该用的地方显得尤为重要。每月收入多少、开支多少、节余多少，哪些开支是必要的、哪些开支是次要的、哪些开支是可暂缓的、哪些开支是可以裁减掉的，对这些都要做到心中有数。

（4）做好家庭风险管理。所谓"天有不测风云，人有旦夕祸福"，谁都难以预测未来会发生什么事情，对于个人来说是如此，对于一个家庭来说亦如此。因此，我们要将家庭的年收入进行财务分配，将其中一部分资金作为应对种种不可预知事件的开支。

家庭风险管理中最常见的方式是保险，买保险可谓是未雨绸缪，其保障功能可以使人自身和已有财产得到充分的保护。

一旦家庭因发生某种事故而陷入资产入不敷出的窘境，保险的作用便体现出来了，它可以缓解意外收支失衡对家庭的冲击力。尽管没有人愿意发生意外，但却没有人能够保证不会发生意外，所以对于一个家庭而言，该买的保险一定要买，不可为了省钱而将其忽视。

总之，负利率的时代一旦来临，就要想办法避免自己的财产缩水，要积极行动起来，拓宽理财思路，选择最适合自己的理财计划，让"钱生钱"。

生活理财笔记

随着通货膨胀的加剧，我们已经不知不觉地进入了负利率时代中。为了避免自己辛苦赚来的钱缩水，我们要做的就是改变过去那种根深蒂固的"储蓄情结"，制订合理的理财计划，让收益率跑赢通货膨胀率。

理财不可不了解的经济指标1：
利率、贴现率、存款准备金率

利率、贴现率、存款准备金利率是经济学上的三个重要指标，这三个工具的主要作用是调控市场中的货币流通量。倘若货币流通量过多，可能会导致通货膨胀，促使物价上涨；反之，倘若货币流通量太少，可能导致通货紧缩，从而引起物价下跌。利率、贴现率以及存款准备金率的变化不仅会引起理财环境的变化，也会对理财者的收益造成影响，因此，每个理财者都需要了解这些指标。

1. 什么是利率

利率也被称作利息率，利率是指某个时间段内利息量和本金的比率，一般情况下用百分比表示。按年计算称为年利率，按月计算就称为月利率。利率的计算公式是这样的：利率 = 利息额 ÷ 本金 ÷ 时间 × 100%。

通常情况下，利率由纯利率、通货膨胀补偿率以及风险收益率构成，即利率 = 纯利率 + 通货膨胀补偿率 + 风险收益率。

（1）纯利率也叫作真实利率，是指没有通货膨胀与风险时候的均衡点利率。在通货膨胀为零的情况下，国库券的平均利率即为纯利率。

（2）通货膨胀补偿率是指通货膨胀会导致货币贬值，从而使理财者的实际收益减少，为了弥补理财者由于通胀带来的购买力损失，理财者一般会要求在纯利率的基础上附加通货膨胀率。比如，国库券的利率总是会随着预期通货膨胀率的改变而改变，国库券收益率一般可以写成这样：国库券收益率 = 纯利率 + 预期通货膨胀率。

（3）风险收益率是指由于理财者自身承担风险，为了降低这种风险带来的损失，理财者额外要求在纯利率上附加的风险补偿率。影响风险收益率的两个因素分别为风险的大小和风险价格的高低。风险收益率主要包括三部分，即违约风险收益率、期限风险收益率以及流动性收益率。

利率是宏观经济中最重要的指标之一。举个例子来说：2017年，全世界对美国国债上限约束是否提高的关注，足可以体现利率的重要性。为什么这么说呢？2015年年末美国债务逼近债务上限18.11万亿美元，于是11月美国政府通过决议，暂停增长债务上限至2017年3月5日，但截至2016年年底美国联邦政府公共债务余额已达19.9万亿美元，倘若不能提高美国政府国债的约束上限，那么政府就无法发行新的国债，美联储也不能开机印钞票购买新国债，这样一来，美国政府就没钱来偿还那些即将到期的国债，最严重的是政府势必也无法正常运转，甚至国债的等级也要下降。一旦国债的等级从"AAA"下降到"AA"，美国国债需要支付的利息就会新增一千多亿美元。利率不仅影响债券市场，它对整个理财市场都起着关键性的影响，包括股票、期权、基金等金融产品在内的大多数资产定价都受利率的影响。

目前，全世界绝大多数国家都把利率作为调控宏观经济的一个重要手段。一旦经济过热，出现通货膨胀，便通过提高利率、收紧信贷的方法来给经济降温；反之，一旦经济低迷、出现通货紧缩，国家便会通过降低利率、放松信贷的方式来拉动经济增长。

通常来说，各国央行的货币政策多采用市场化手段。比如美联储是以干预联邦资金利率来宏观调控美国经济的，它的主要手段是通过买进或卖出政府债券的手段来影响其他银行的储备金量，进而影响联邦资金利率、利率曲线、风险债务利率。和美联储不同，我国央行是以调整利率来直接影响国家经济的。

由于不同的理财工具对利率的反应也是各不相同的，因此，理财者应该根据利率的不同变化，选择适合当期的理财项目。比如，长期和短期理财项目交替进行，在预期利率上升的情况下，理财者最好选择短期理财组合，相反，在预期利率下降的情况下，理财者选择长期理财组合较为合适。

2. 什么是贴现率

贴现率也被称为折现率，是指把将来支付变为现值需要支付的利率，也指持票人在票据没到期之前，要求银行为之兑现，银行扣除部分利息所使用的利率。通常情况下，贴现率有以下两种含义：

（1）某个金融机构向自己所属国家央行寻求短期融资帮助的时候，这个国家的央行就会向金融机构收取贴现率。贴现率的高低决定了金融机构向理财者收取利率水平的高低，并间接影响金融市场的走势。

（2）理财者把未来资产折算为现值的时候，理财者需要支付贴现率。通常情况下，贴现率等于折现时的无风险利率，当然也有例外的时候。

贴现率如何计算呢？目前通用的贴现率计算公式为：贴现率＝一般贷款利率 /1+（贴现期 × 一般贷款利率）。贴现利息的计算公式为：贴现利息＝票据面额 × 贴现率 × 票据到期期限。

贴现率政策为绝大多数西方国家的重要货币政策之一。国家央行通过改变贴现率的高低来调节利率与货币的供给量，进而实现拉动经济增长或收缩经济的目的。当经济过热、需要控制通货膨胀的时候，央行就会提高贴现率，抑制商业银行的借款量，这样一来，商业银行就不得不增加准备金，提高利率，进而实现减少货币流通量的目的。反之，当经济萧条、出现通货紧缩的时候，央行将会降低贴现率，鼓励商业银行增加借款量，从而减少商业银行的准备金，降低利率，增加市场上的货币流通量。

一般情况下，贴现率都是低于市场利率的，这是为了防止商业银行利用与央行之间的利息差牟利。

贴现率说明了这样一个问题，由于贴现率是正值，那么未来的 100 元钱，不管是增值还是贬值，都赶不上现在的 100 元。并且时间周期越长，同样的 100 元钱在未来的价值就会越低。举个实例来看：假如今年某项目需投入 100 万元，即使 50 年后该项目能收益 200 万元，这个项目也不见得值得做。因为这 200 万钱要等 50 年之后才能收回，而 50 年后的 200 万元钱的实际价值要低于现在的 200 万元。假设银行的利率为 3%，将 100 万存进银行储蓄账户，50 年后得到的利息就有 338 万余元，要比投资那个项目收益高得多。

因此，理财者在对未来的理财进行评价的时候一定要考虑贴现率，将这笔钱存进银行的收益就是理财的机会成本，只有当收益大于机会成本的时候，这个理财才是值得做的。

3. 什么是存款准备金率

存款准备金也可以叫作法定存款准备金或是存储准备金，它是指金融机构为了保证客户提款和资金清算等需要而在央行存储的资金。央行要求金融机构的存款准备金占其存款总量的比值即为存款准备金率。举例来说：假如某商业银行 2017 年共有 100 亿元人民币存款，央行规定的存款准备金率为 18.5%，那么该商业银行就要拿出 18.5 亿元人民币存放到央行。

存款准备金率是央行调整货币供应量的重要工具之一。一般情况下，存款准备金率上升，利率也会随之上升，可减少市场上的货币流通量；反之，存款准备金率下降，利率也会随之下降，能增加市场上的货币流通量。例如，2019 年 1 月 15 日和 1 月 25 日央行分别决定下调存款准备金率 0.5 个百分点，这一调整，为的就是保持货币流动性的合理和稳定。

值得注意的是，存款准备金是风险准备金，不能被用于发放贷款。存款准备金率越高意味着央行紧缩经济政策的力度越大。与利率不同的是，利率对理财者的收益影响是直接的，而存款准备金率是直接针对金融机构的，对理财者的影响是间接的。

综上所述，利率、贴现率和存款准备金率都属于国家宏观调控货币政策的工具，它们最主要的作用之一就是控制货币的流通量。存款准备金率上升，银行的存款准备金增加，根据市场的供求关系，利率也会被迫上升，利率上升之后，银行的贴现利率也会跟着上升。反之亦然。

理财不可不了解的经济指标2：
CPI、PPI、货币供应量

　　在上一节中，我们了解了利率、贴现率、存款准备金率的概念。但与理财息息相关的经济指标绝不只这些，下面就让我们一起来进一步了解一下吧！

　　1. 什么是CPI

　　CPI全称是Consumer Price Index，中文意思是"消费物价指数"。是根据居民生活相关商品及人们的劳动力价格所统计出来的一个指标，是通货膨胀水平的一个定量的体现。简单地说，现在与我们衣、食、住、行相关的一些物品的价格很多都在涨，那到底涨了多少呢？这就需要统一的标尺来衡量了，这个标尺就是CPI。

CPI 作为一个固定的价格指数，它反映的不是商品质量的改进或者下降，甚至对于新产品也不加考量，它所考量的仅仅是和居民生活相关的一些商品及劳务价格。

CPI 的升幅过大表明居民生活成本相对变高，但是如果你的收入没有增加，那么相对于社会环境来说你的收入其实是降低了。这里举一个简单的例子：去年你的 100 元没有花掉，而今年的 CPI 上升了 6%，那么你现在的这 100 元只能买到等同去年 94 元的商品及劳务服务。因此 CPI 的上涨，通俗的说法就是"涨价"，是不受欢迎的。如果 CPI 升幅过大，就会造成通货膨胀，这会造成国民经济的不稳定。

CPI 的变化会对很多方面产生影响，如股市。CPI 增幅过大，将会导致通货膨胀，而央行会抑制通货膨胀，采取加息等紧缩的策略，从而导致股市流动资金减少，股票的买盘变小。由于供求关系，股票买盘小，其价格就会下跌。反之，如果 CPI 降低，股市就会走热，股票上涨。

CPI 是一个非常重要的经济指标。虽然，CPI 计算体系在 1993 年就已经确立，可是一直以来，人们都不够重视。在 2007 年年初，中国人民银行设定了 CPI 目标的底线——3%。这一底线，也被称为是央行加息的"警戒线"。2019 年 1 月 10 号，国家统计局公布，2018 年全年全国居民消费价格指数（CPI）同比上涨 2.1%。

CPI 的持续上涨，给人们带来了很大的生活压力。人们所感到的压力并不仅限于日常消费品涨价的本身，还有货币贬值的加速和资产价格的持续上升。医疗、教育、生活等各种价格的高涨，使人们的实际收入迅速降低，CPI 的高涨，同时也使大家存入银行的那点"养老钱"开始迅速贬值。

那么，普通理财者应该如何理财才能应对高涨的 CPI 呢？一般来说，人的一生可划分为四个时期，在不同的时期需要采用不同的应对策略。

（1）单身期。这指的是刚工作还未组建家庭的年轻时期。处在这个阶段的人薪金是其主要收入，且数额也比较小，不少人还会入不敷出，但也不能因此就拒绝理财。即使每月只余 100 元，也可以选择基金的定投。虽然净资产值相对较小，但若能坚持长期理财，盈利能力还是相当可观的。

（2）养育期。这时期指的主要是从结婚生孩子到小孩成年的一段时期。这也是人生最重要的时期。这期间一般收入丰厚且稳定，但经济负担也重，这是保险需求的高峰期，而且需要购买房屋或者偿还贷款，所以可以理财的钱其实并不多。

处于这一阶段的人除了延续单身时期的基金定投之外，增加家庭保险的保障也是必不可少的，这时候按照个人对风险承受的不同能力，应该尝试不同比例的债券型基金。在选择银行理财产品方面也可以尝试本金安全、收益浮动的产品。

一般来说，浮动收益型理财产品风险稍大于固定收益型理财产品，而这类产品的潜在收益也相对较高。另外，可根据家庭的实际情况，适当尝试股票、黄金或者外汇买卖等理财方式。

（3）稳定期。这一阶段是指从孩子成年后到自己退休的一段时期，是人生最稳定的阶段。这阶段的家庭成员是由收入较为稳定的中年夫妻和成年子女构成的，家庭成员的收入同时达到巅峰期，且生活支出逐渐开始降低，这个时期是家庭理财的黄金期。开始产生理财收入，积累家庭资产，以为未来的退休生活提供保障。

理财者可建立具有中等风险、长期性、多元化的理财组合。此时，基金、新股产品及银行理财产品都是很不错的选择。当然，最基本的是要买足终身寿险和年金保险，定期购入黄金和住宅之外的不动产是不变的主题。其中贯穿一生的基金定投仍需坚持购买。

（4）退休期。这一时期的家庭成员多为老人，其收入减少，且因为健康等原因造成必要潜在支出增加。其生活收入全部依靠社会保障收入（退休金收入）及理财收入。

处于这个阶段的人群理财的重点是低风险，因此要逐渐地把多元化理财组合转为固定的收益或者低风险的理财产品。在理财时，应在保住价值的前提下选择低风险的理财，用少量的资金进行基本风险可控的理财，从而抵御通货膨胀对自身资产造成的不必要损失。如银行固定收益型理财产品、债券基金、少量混合型基金等都是不错的选择。在中年时期已买的各类保险正是当前老年人多病、多意外的保障，且坚持了几十年的基金定投可转为"基金定赎"，与退休工资一起构成养老的现金，从而维持生活。

2. 什么是PPI

PPI 是从生产者的角度来观察每个时期货物以及服务商品

价格在水平变动过程中的一种物价指数，即生产者物价指数，反映的是生产环节的价格水平，国家在制定相关的经济政策及进行国民经济核算时，往往以此为依据。目前我国 PPI 的调查中相关产品有四千多种，一般为统计局公布的工业品出厂价格指数。

一般情况下，PPI 走高的意思就是产品出厂价格提高，因此企业盈利直接增加；但是若下游价格传导不利或市场竞争激烈，PPI 的走高则意味着竞争者众多领域的企业面临重大的成本压力，这样则会影响企业的盈利，使整个经济运行的稳定性受到考验。

自 2012 年以来我国 PPI 持续下滑直到 2017 年，国家统计局城市司高级统计师绳国庆指出，2017 年全年，PPI 由上年的下降 1.4% 转为上涨 6.3%，结束了连续 5 年的下降态势，引起人们极大的关注。在全球需求急速扩张下，我国 PPI 攀高，其根本原因是由于资源类产品价格持续走高，而我国的情况是部分资源匮乏、但是内外需求旺盛，因此经济对外部资源的依赖越来越大，从而导致国内 PPI 走高。然而在 PPI 连创新高的同时，CPI 的涨幅却出现回落。

通常来说，PPI 对 CPI 是有一定的传导作用的，PPI 在增高的同时会推动 CPI 增高。但是为什么会出现同常理背道而驰的现象呢？究其原因，不外乎以下几点：

（1）从历史的角度来看，在物价上涨时期，PPI 和 CPI 出现峰值的时刻有所不同，就拿 2017 年一季度来说，PPI 同比上涨 7.4%，而同期 CPI 同比涨幅只有 1.4%，远远落后于 PPI。

（2）现阶段我国的 PPI 向 CPI 的传导其实并不顺畅。PPI 向 CPI 传导的上涨压力链条大致上有以下三种：PPI（采掘工业）—水电燃料—CPI；PPI（煤炭、成品油、电力）—农业生产资料—农产品—CPI；PPI（原料工业、加工工业）—工业消费品—CPI。下游产品市场供大于求，且国家对中间产品实行价格管制，这就直接导致 PPI 向 CPI 的传导被弱化，从很大程度上来说，PPI 上涨对 CPI 的影响更多的是在心理层面上。

（3）PPI 和 CPI 两个指标侧重点有所不同。PPI 涵盖各种工业制造业产品，CPI 则在食品和服务业所占比重较大。从价格及权重波动性来看，对 PPI 影响更为显著的是石油价格变动，对 CPI 影响最明显的是食品价格。通常而言，衡量国家物价水平的最重要指标是 CPI，政府很少有动力去专门调控 PPI 以及其他价格指标。

不过，这种 PPI 和 CPI 背道而驰的局面不会长久，从中长期来看，PPI 和 CPI 之间的差距一定会缩小，并最终趋于同步。事实上，在大多数情况下，PPI 和 CPI 的走势方向是相同的。

一句话，整体经济运行的核心指标 PPI 和 CPI，对于资本市场和国民经济有着深远的影响。我们可以把整个国家经济看作一辆飞驰的列车，普通居民则是列车上的乘客，各类企业就是列车的零部件，国家经济政策就是要确保列车又快又稳地行驶。假如我们把 GDP 的增速看作速度指标，那么 PPI 和 CPI 就是列车运行稳定程度的核心。当 PPI 不正常时，那么列车的零部件则要承受过大的压力负荷；当 CPI 太高，乘客会感到列车过于颠簸，坐起来很不舒服。这两种情况一旦发生，就都需要对宏观经济进行调整。因此可以说，PPI、CPI 的走势在一定程度上表明了经济运行的健康程度，同时，还可以将其作为预判国家宏观经济政策变化的重要指标。

3. 什么是货币供应量

通常情况下，根据货币的流动性，可以将货币的供应量划分为不同的层次，从而测量、分析和调控。现阶段，我国将货币供应量划分为三个层次，即 M0、M1、M2，确切地说，M0、M1、M2 是货币的供应量。

M0：流通中的现金，即除银行体系外流通的现金。这类货币同消费的变动息息相关，是最为活跃的一类货币。

M1：狭义货币，指商业银行的活期存款加上流通中的货币量。这是一类流动性很强的货币，随时可以在流通中进行支付。

M2：广义货币，是在 M1 的基础上加上商业银行的储蓄，通常情况下，由于银行的定期存款和储蓄存款都不能随时支付，因此，这类货币的流动性相对较差。

三者关系用公式表示就是：M0= 流通中的现金；M1=M0+ 非金融性公司的活期存款；M2=M1+ 非金融性公司的定期存款 + 储蓄存款 + 其他存款。

我国国家统计局公布 2017 年各项经济数据显示：2017 年 12 月末，广义货币（M2）余额 167.7 万亿元，同比增长 8.2%；狭义货币（M1）余额 54.4 万亿元，同比增长 11.8%；流通中货币

（M0）余额 7.1 万亿元，同比增长 3.4%。货币供应量基本稳定，存款余额增加较多。

日常消费生活中，全民生产中 M0 数值升高证明人们手头宽裕，衣食无忧；M1 是经济周期波动先行指标，反映居民和企业资金松紧变化，仅次于 M0 的流动性；M2 反映的是社会总需求的变化以及未来通货膨胀的压力状况，流动性偏弱。我们通常所说的货币供应量一般指 M2。外汇占款投放和银行信贷投放是货币投放的渠道。它们的投放速度与 M2 的增速成正比。

关于宏观经济的运行状况，我们一般可以通过 M1 和 M2 的增长率的变化来了解。将 M1 与 M2 的增长率进行对比有很强的分析意义。

若在较长时期内，M1 的增长率高于 M2 的增长率，则说明这段时期经济发展在加快，除活期存款外，其他类型的资产都有较高收益。这样会有更多的人把定期存款和储蓄存款取出来进行理财，从而使得大量的资金表现为可随时支付，商品和劳务市场将普遍受到压力，从而导致价格上涨。影响 M1 数值的原因可以有很多，如 M1 的数值变化会受到股票市场的影响，货币在股票市场的投放会促使 M1 加速上扬。

若在较长时期内，M2 的增长率高于 M1 的增长率，则说明有利可图的理财机会减少。如此一来，原本可以随时购买商品和劳务的活期存款中的很大一部分逐渐转变为利息较高的定期存款，使得货币构成由流动性较强趋于流动性较弱，这必定会影响到理财，进而影响经济增长。

生活理财笔记

消费者物价指数（CPI）、生产者物价指数（PPI）和货币供应量是衡量宏观经济的三个重要指标，这三个指标的高低能够反映社会经济的发展状况，影响理财市场的走势，进而影响理财者的收益。一般来说，CPI 的走高也意味着货币的贬值，PPI 的走高意味着经济趋热，而通过M1 和 M2 的数值变化可以判断理财市场是趋于熊市还是牛市。因此，理财者在理财之前，一定要了解 CPI、PPI 和货币供应量的意义，懂得如何运用这些指标判断经济走势。

挑选理财经理的注意事项

2010 年 10 月 25 日，巴菲特旗下的伯克希尔—哈撒韦公司正式宣布，任命托德·康布斯为伯克希尔的理财经理，负责管理公司的部分证券理财业务，此前康布斯为小型对冲基金经理人。

在 25 日发表的公开声明中，巴菲特表示，在过去的三年中，他跟自己的合伙人芒格一直致力于寻找能力卓绝的理财经理，托德·康布斯正是这样一位合适的人选。巴菲特说："我非常高兴托德·康布斯加入我们的队伍。"

事实上巴菲特一直在寻找合适的接班人，要知道他已经是八十多岁的老人了，他曾经表示，倘若自己退休或过世，他将会把自己在伯克希尔公司的职责分给三四个优秀的理财经理。

那么，理财经理到底是怎样的角色呢，巴菲特为什么如此重视？

理财经理是协助理财者管理资产的重要帮手，其专业水平、道德尺度、敬业程度直接影响到理财者理财的结果。因此，把钱交给理财经理之前，我们一定要擦亮眼睛仔细选择。要知道，一旦你选错了理财经理，就可能会血本无归。不要以为这是在危言耸听，事实上，现在理财经理的素质确实令人担忧。

一般来说，金融机构招募理财经理往往是内部招募（让资深员工转任）和证书通行（招募拥有相关资格证书的人员）两种。资深员工虽然有经验，但是却未必有专业知识和能力；而拥有资格证书的人也未必对相关专业知识经过了系统的学习，而且还可能缺少经验，这就很难让人对其理财的效果放心。

而且理财经理上岗后，会面临着残酷的业绩考核。要想通过考核，必须每月至少开发3位至5位新客户，与客户的往来资产也要达到一定规模，甚至对促成客户购买金融产品的数量、价值的要求都相当高，无论哪一项达不到标准，都会被淘汰。在这种残酷的生存竞争压力下，理财经理很容易变成推销商品的业务员，只关心自己的业绩，而不在意客户理财的收益。

有的理财经理为了完成自己的业绩任务，即使在认为某商品根本不宜理财的前提下，也会在客户面前将该产品吹得天花乱坠，让其购买。为了自己的业绩而牺牲客户的利益，将客户变成"被宰割的肥羊"的事件屡有发生。

经验不足、专业能力不够、职业道德欠缺，这些都是部分理财经理存在的问题，因而客户对理财经理的投诉率高也就不足为奇了。然而，等到问题出现后再去投诉理财经理并不能挽回损失，与其事后投诉，不如在一开始就选一个优秀的理财经理。那么，应该怎样挑选理财经理呢？具体地说，我们需要注意以下几方面。

1. 资格证是基本配备，但不是收益的保证

在选择理财经理时，千万不要被他的证书晃花了眼、迷昏了头。要知道，证书只是进入行业的基本凭证，理论掌握得好并不代表会理财。理财结果的好坏取决于资源配置的情况和理财经验。也就是说，资格证书是挑选理财经理的第一道门槛，而非唯一标准。

2. 观察理财经理与我们的互动过程，再进行筛选

需要明确的是，理财经理是我们管理资产的助手，而非决策者；他扮演的角色是提供金融、金融商品信息，协助我们根据自己的理财目标和财务状况来管理资产。在明确了这个认知以后，再根据以下状况进行筛选。

（1）理财经理是否一直在推销自己的理财产品。我们知道，真正优秀的理财经理首先应该了解理财人士的理财属性、清楚其风险偏好以及承受风险的能力、根据理财人的具体情况推荐

理财产品，而非强行推销。如果他这样做，只能证明他很有可能是眼中只有业绩，对客户的权益毫不在乎的理财经理；但也有可能是他事先看过资料，而那款产品确实不错。为了确认他是否是一个出色的理财经理，我们可以问他这样一些问题："你的业绩目标是什么？""如果我购买这款产品，银行怎样收取手续费？你能得到多少佣金？""该产品是否具有风险？风险发生的时机和原因何在？"我们可以根据他对这些问题的回答进一步判断其业务能力。

（2）理财经理看起来是否专业。随着理财的全民化，市场上对理财经理的需求也越来越多，而一个经验丰富的专业理财经理的培养往往需要若干年。人才的培养速度跟不上市场的需求，所以便出现了缺少经验、专业能力不足的理财经理滥竽充数的情况。但要确定一个理财经理是否专业，不能只凭感觉，至少我们应该问他这样一些问题后再加以判断：入行多久了？工作经历如何？具有哪些资格证书？做过哪些理财？结果如何？以什么指标来评估金融商品？能否仔细分析产品的风险和获利点所在？

（3）理财经理联系我们的频率是否较低。理财经理只是协助我们理财，对理财结果的盈亏不承担责任，因此，他对我们的理财资产运行自然不那么关心，再加上他的客户并非只有一个，因此，他联系我们的频率低并不能成为我们更换理财经理的理由。我们大可以主动联系他，向他了解股市停损点的设定、多久通知一次资产变化等情况。当然，我们更需要向相关机构咨询作为理财经理，他的稳定程度如何，以及当理财经理更换时，我们的权益能否得到保障。

生活理财笔记

一个优秀的理财经理，至少应该具备五方面的素质：一是专业的知识和丰富的经验，二是贴心、诚实的服务，三是良好的协调沟通能力，四是对客户有所了解，五是从业稳定。我们在选择理财经理时，可以从这几个方面来观察和选择。

第三章

储蓄管理：一切理财的基础

我们都知道，生活中很多人最喜欢的理财方式就是储蓄，因为有了足够的储蓄，就不用害怕因失业而没有收入，不用害怕离婚后无依无靠，不用害怕无钱看病，不用担心遭遇意外后没有足够的钱来应急……实际上，储蓄不仅能够让人们的生活有保障，它还是理财的基础。有了储蓄，人们才会有理财的本钱，才会有致富的希望。"股神"巴菲特、逆向投资大师约翰·邓普顿、麦当劳的日本创始人藤田田等财富大师的"第一桶金"都是靠长期的储蓄得来的。此外，储蓄作为一种理财方式，安全无风险，还有利息可享，何乐而不为呢？

财富来源于储蓄

约翰·邓普顿——1934 年毕业于耶鲁大学经济学专业，随后到牛津大学继续深造，并获得罗德奖学金。作为最擅长逆向投资的著名大师，约翰·邓普顿的事业生涯一直比较顺利，由于大多数时候都能够对市场做出理性的判断，他积累了巨额的财富。

约翰·邓普顿擅长股票理财是众所周知的，然而他最重要的理财方式并不是股票，而是储蓄。年轻时，邓普顿就有定期储蓄的习惯，无论什么情况下，他都会坚持储蓄。据了解，就算在 20 世纪 30 年代全美经济陷入大萧条状态的时候，他也没有中断过自己的储蓄，依然像往常一样将自己收入的 1/2 存进自己的储蓄账户。到 20 世纪 80 年代的时候，邓普顿已经拥有几百亿美元的身家，并一度成为美国首富，尽管如此有钱，他依旧坚持储蓄的习惯。

约翰·邓普顿一直坚信"财富来源于储蓄"的理财理念，并始终在理财中身体力行。储蓄作为最安全、最保险的理财方式，是每个理财者的理财组合中必不可少的部分。储蓄是理财的基础，没有足够的储蓄资金做后盾，我们很难轻松地进行理财。关于这一点，我们可以从以下三方面来理解：

第一，储蓄是基础，不储蓄，就不可能实现财务自由。

我们每天被繁重的工作包围着，马不停蹄地拼搏，希望有一个美好的明天。但是，在忙碌的同时，我们是否想过这些问题：这样拼搏是为了什么呢？除了赚钱，我们的生活是否应该更为丰富？我们对现在的生活满意吗？我们对自己的未来有什么规划？我们对自己的财务状况是否有安全感？如果有一天无法再继续工作，我们有充分的财务保障吗？我们能够自己掌控时间、经济吗？我们想要多留点时间给家庭或是朋友吗？

实际上，我们拼搏的最终目的并不是获得金钱，而是实现财务自由。财务自由是指人们无须为生活开销而努力工作赚钱的状态。当工作不是养家糊口的唯一手段，拥有其他收益的时候，我们不必每天为生计而奔忙，能够随心所欲地去做你想做的事情，这时，我们就实现财务自由了。当然，这并不意味着拥有的钱越多，就越自由。

我们要如何实现财务自由呢？答案之一就是储蓄。只有当储蓄账户里有足够多的资金时，我们才能不必害怕被老板"炒鱿鱼"，不必担心自己老无所养，不必担心自己没钱看病，不必担心自己生活窘迫……因为有了足够的储蓄，我们就可以不必为了赚钱而做自己不感兴趣的事情，就可以做一些自己喜欢的事情，就可以在一段时间内维持舒适的生活了。

第二，储蓄的最终目的不是消费，而是理财。

罗伯特·清崎在《富爸爸财务自由之路》一书中揭示了人

生的四种财务情况：一是雇员，依靠自己的劳动获得有限的经济收入，财务处于完全不自由状况；二是自由职业或小业主，同样依靠自己的劳动获得收入，但是其自由程度要比雇员强很多，拥有小自由；三是企业家，他人为其创造收入，在财务方面拥有较大的自由；四是理财者，通过理财获取收入，是财务大自由者。

要想成为财务大自由者，就要做一个理财者，而储蓄是理财的基础。储蓄为理财提供了"种子资金"，只有有了种子钱，理财者才能播种，才能获得更高的收益；否则，没有本金，即便是乔治·索罗斯，也是"巧妇难为无米之炊"。也许有的人会说，现在生活压力太大了，物价太高了，挣的钱都不够花的，哪里有闲钱来储蓄啊？然而这种逃避问题的说辞本身就是不成立的，不储蓄就没有"种子资金"，没有"种子资金"就无财可理。要想通过理财获得更高的收益，解决当下财务紧张的状况，就必须减少消费或延迟消费，尽早开始储蓄。

目前，我国的通货膨胀愈演愈烈，银行利率又不断下调，单纯的储蓄不仅不能使我们获利，还会因为无法抵制通胀的压力而导致财富缩水。面对这种情况，我们需要使自己的理财多元化，寻找一些让"种子资金"保值的理财方式。基金、债券、外汇、黄金、白银等金融工具都可以作为备选的理财渠道。只要选对了适合自己的理财方式，"小种子"生根发芽长成"参天大树"就指日可待了。

第三，时间是实现财富增长最好的工具，不管是储蓄还是理财都是越早越好。储蓄和理财都是一个长期积累的过程，越早储蓄，越早理财，复利效应就会越大，最终的收益也就越大。

巴菲特曾经说过："随着时间的推移，复利效应开始发挥出巨大的力量，这种力量使你的储蓄资金得到发展的动力，不断增长。理财的周期越长，回报也就越大，所以说储蓄和理财都是越早越好。"

简言之，只有拥有足够多的财富才能让我们实现财务自由，享受无忧无虑的生活。而要想实现财务自由，不是只赚钱就可以了，还要懂得将赚来的钱进行适当的储蓄，这样才能获得理财的"种子资金"，进而获得更多的财富。

生活理财笔记

美国著名金融大师约翰·邓普顿家境并不富裕，他后来能够成为拥有巨额资产的大富豪，一方面是因为他深谙理财之道，另一方面是因为他一直坚持储蓄。正是这种雷打不动的储蓄习惯，为他存下了第一桶金，为他的理财提供了"种子资金"。因此，理财者要想通过理财以钱生钱，首先要做的就是储蓄。

哈佛人遵循的储蓄法则

大家都知道，哈佛教育出来的人，大都和贫穷不沾边。为什么他们会那么富有呢？难道是因为名校出身吗？

据相关资料显示，哈佛人之所以很富有，并不是由于他们出身于美国第一学府，有特别丰厚的收入，而是因为他们大多从不超额消费，并且有储蓄的习惯。

哈佛大学教给学生这样两个概念：正确区分"理财"和"消费"；储蓄工资的 30% 是硬指标，剩下的才消费，必须完成储蓄后才能进行消费。储蓄是哈佛人每个月经济生活的核心，只要每个月都坚持完成或超额完成储蓄指标，钱就会越来越多，这就是哈佛大学最为著名的"哈佛理财教条"。

储蓄是理财的第一步，一定要坚决地执行它。没钱时，不管怎么困难，也不要动用积蓄。积蓄是财富的种子，如果我们把"种子"都吃掉了，那么致富也就成为不可能的事情了。因此，如果不甘贫穷，就一定要养成储蓄的习惯。收入是河流，财富是水库，支出就是流出去的水。要想水库里有水，就要关上闸门，让河水一点点地流进来。人生的第一桶金往往是靠储蓄得来的。

有一个人从穷人变成了一个非常富有的人，有很多人来向他请教致富的方法。而他却反问来求教的人："如果每天你能拥有 10 个鸡蛋，但你每天都只吃掉 9 个，把剩下的那个放进篮子里，最后会如何呢？"所有的人都回答："篮子再大，早晚都得有装不下的一天。"这个富有的人笑着说道："致富的首要原则就是如果你有 10 个硬币，最多只能用掉 9 个，一定要留下一个。"

"九一"法则是理财的首要法则：至少把自己收入的 10%"攒"起来，无论什么情况都不破例。即使你的收入只有一元钱，也要存起一角钱。水库流出去的水比流进来的水少，即使这个差量很小，水库也有被填满的时候。

那么，对于一般人来说，应该如何储蓄呢？储蓄的第一步就是做好规划，而且这项存钱的规划必须十分具体和切实可行。如果只是在心里规划着"我今年要存 30000 元"，"这个月发了工资要存 5000 元"，那么你的储蓄计划十有八九是要泡汤的。不论是 30000 元还是 5000 元，虽然有具体的数字，但是这个数字最后未必真的能实现。因为，你没有对这个数字做过具体的规划或预算，没有将自己林林总总的计划内的消费和计划之外的消费都计算进去。

有这样一个案例：

敏敏在上学时就有一个愿望：在结婚之前独自去东京旅行，以此作为对自己美好青春的留念。但是现在已经参加工作，男友也有了，结婚计划都提上了日程，而她的东京之行却还遥遥无期。原因无他，"没钱"而已。当然，敏敏也不是那种看到什么都买的"败家女"，平常她也会有意识地去存一些钱。但是，也不知为什么，每当这些钱存到一定的数额时，就会冒出许多需要花钱的事情：房租该交了、几个朋友同时结婚、妈妈生病住院、闺密们要集体出游、拍婚纱照、夏天太热要买空调……大件上的林林总总加上小事上的零零碎碎，让本来月收入5000元的敏敏的银行存款数字跟每月的薪水数字如出一辙，就这些钱还是从年终奖里硬省下来的，这对已经工作3年的敏敏来说仿佛就是一种讽刺。

"一个人的东京之旅"计划一次次被搁浅，敏敏开始反思自己的存钱计划到底哪里出了问题。眼看只有半年的时间就要结婚了，按照她2万元玩10天的计划，她至少还要存1.5万元，也就是说自己每个月至少要存2500元才能让愿望实现。这样的话，她每个月可以拿来支配的钱就是2500元，除去房租和水、电、煤气等费用，再留出一部分作为意外开支，自己必须开始节衣缩食。朋友聚会尽量减到最少，减少逛商场的频率，并且将购置衣物的费用控制在一定数额之内，能不买就不买，午餐、晚餐开始自己做。

而且为了防止自己再忍不住乱花钱，敏敏为自己的工资卡办理了定期转存业务，每个月发完薪水的第二天，银行就会自动从她的工资卡上将2500元转为定存。这样一来，她也就不会再去随意支取这笔款项了。经过自己的不懈努力，6个月之后，敏敏终于潇洒地抛下男友，完成了自己梦寐已久的东京独行之旅。

虽然敏敏临时性的储蓄计划还有许多漏洞，如果遇到突发情况未必能坚持。但是，在储蓄之前为自己订一个目标、做一个规划是没有错的。要想把能存的钱存下来，就必须有这样一个具体的规划。先确定一个自己认为合适的数额，然后和自己的各种开销加起来看是多少，如果超出了收入范围，就要做适当的调整。调整的重点是，如果存款的数额可以不变的话，最好别去改变，先看哪些开销是不必要的，然后该节俭的地方就要节俭。如果还是超支，那就适当调低存款的数额。毕竟想要很好地完成自己的储蓄计划就要先保证自己的生活不会因此而受到困扰，否则存款的计划很可能就会泡汤了。

　　储蓄计划是人们为自己量身定做的，就像量体裁衣，所以一定要"合身"，这样，自己"穿"着才会"舒服"。也只有舒服了，才不会束手束脚，完成起来才会更有效率。那么，现在就拿起笔计算吧，早一天制订出适合自己的存钱计划，就能早一天看到自己储蓄账户数字的喜人变化。

生活理财笔记

　　将工资中 30% 用于储蓄，剩下来的钱才能消费，这是哈佛大学著名的理财教条，也是哈佛人一直遵循的储蓄法则。哈佛人之所以都非常富有，与他们坚持储蓄有着必然的关系。因此，如果不想穷一辈子，就一定要养成"先储蓄，后消费"的理财习惯。将每个月薪水的 15%~30% 先存起来，用于储蓄；并且严格规定自己只能用剩下的这部分钱进行消费。要切记，消费不能超支，储蓄不能动用，而且没有例外。

不可不知的储蓄知识

藤田田，日本麦当劳的开创者和管理者。1965 年获得日本早稻田大学经济学学士学位，1971 年开始创业，随后取得了麦当劳的特许经营资格，创立了日本麦当劳株式会社，如今这个会社已经发展为拥有 10000 多家连锁店、年营业额超过 40 亿美元的大财团。

藤田田大学毕业后在一家电器公司打工，并下决心在十年之内存够 10 万美元，当作自己的创业基金。为了存出这第一桶金，他坚持每月存款，而且雷打不动。不管遇到什么困难都没有改变过。即使遇到突发状况或者额外用钱也照存不误，即使厚着脸皮四处借贷渡过难关，也不让自己的存款受到任何影响。他每月去银行报到，其坚持不懈的毅力甚至连银行的工作人员都为之动容。在近 6 年的时间里，他存了 5 万美元。

当时日本的快餐连锁开始兴起，藤田田看准了麦当劳的发展潜力，于是决定创立自己在日本的麦当劳事业。但是当时申办麦当劳连锁店需要 75 万美元和一家中等规模以上银行的信用作为支持。只有 5 万美元的藤田田不愿意让机会溜走，于是他四处借贷，虽借来 4 万美元，但离 75 万美元还差得远呢。

为了筹集剩下的资金、找到肯为自己担保的银行，他找到了住友银行的总裁，并最终用自己 5 万美元的储蓄故事打动了他。最后这位总裁不仅答应借钱给他，还为他提供了信用担保。就这样，藤田田用自己储蓄得来的第一桶金开创了自己的事业，成了日本的快餐大王和数一数二的富豪。

事实上，世界上很多富豪的第一桶金大都是通过储蓄得来的，前面例子中提到的日本麦当劳的创始人藤田田以及"股神"巴菲特、世界前首富比尔·盖茨等人的创业资金都是"存"出来的。由此可见，储蓄对于每个人来说都是至关重要的。了解到储蓄的重要性，你是不是决定从现在开始存钱了呢？不要急躁，有了储蓄的想法是好的，但是在储蓄之前了解一些储蓄的基本知识也是很有必要的。

下面就来看一看有哪些知识是你不清楚或者没听说过的，这些你没有接触过的知识是不是能让储蓄带来更多的收益呢？

（1）最普遍的"活期存款"。活期存款在我们的生活中可谓是最常用的了。随便在银行开个户、办张储蓄卡，银行户头就会被自动设定为活期存款。活期存款是没有期限规定的，可以随时存取现金，它以一元为起存点，多存不限，凭借储蓄卡或存折存取现金，利息比较低，一般为每季度结算一次。由于存取都比较方便和自由，所以是大多数人比较常用的一种资金存储方式。

（2）比较常用的"定期存款"。定期存款是约定好存款期限，到期后一次性支取本金和利息的存储方式。人民币存储期限一般分为三个月、半年、一年、两年、三年和五年六个档次，外币存期分为一个月、三个月、六个月、一年、两年五个档次。其特点为：可提支、可挂失、档次多、利率高。由于利率较高，比较适合短期不用的大额资金的存储。

（3）白领常用的"零存整取"。零存整取是指开户时约定存期、分次每月固定存款金额、到期一次支取本息的一种个人存款。存期分为一年、三年、五年，一般五元起存，每月存入一次，中途如有漏存，应在次月补齐。利息按存款开户日挂牌零存整取利率计算，计息按实存金额和实际存期计算，到期未支取部分或提前支取按支取日挂牌的活期利率计算利息。通常很多拿固定工资的白领和职工会以这种方式敦促自己储蓄，以保证自己每月按时存款。

（4）与零存整取刚好相反的"整存零取"。这种存款方式刚好与零存整取相反，它指在开户时本金一次性存入，并在约定的期限内分次支取本金的一种存款方式。整存零取以1000元起存，由存款人与银行商定支取时间和次数，存期分一年、三年、五年，支取期分一个月、三个月及半年一次。利息按存款开户日挂牌整存零取的利率计算，于期满结清时支取，到期未支取部分或提前支取按支取日挂牌的活期利率计算利息。这种方式一般适用于限制个人固定支出和消费。

（5）较少用到的"存本取息"。存本取息是指在存款开户时约定存期、整笔一次存入，按固定期限分次支取利息，到期一次支取本金的个人存款方式。它一般以5000元起存，存期分一年、三年、五年。可以在开户时约定的支取限额内多次支取任意金额，利息可一个月或几个月支取一次，利息按存款开户日挂牌存本取息利率计算，到期未支取部分或提前支取按支取日挂牌的活期利率计算利息。

（6）关于"定活两便"。这种存款方式是定期和活期存款的结合，它不必与银行约定存款期限，银行根据客户存款的实际存期按规定计息，可随时支取。存期不足3个月，利息按支取日挂牌活期利率计息；存期3到6个月的，利息按支取日挂牌定期整存整取3个月存款利率6折计息；存期6个月到1年的，整个存期按支取日定期整存整取半年期存款利率6折计息；存期1年以上，整个存期一律按支取日定期整存整取一年期存款利率6折计息。

（7）不太常用的"通知存款"。通知存款是指在存入款项时不约定存期，支取时事先通知银行，约定支取存款日期和金额的一种个人存款方式。这种存款的起存金额较高，一般为50000元人民币或等值的外币。个人通知存款按存款人选择的提前通知的期限长短划分为1天通知存款和7天通知存款两个品种。就是说客户需要提前1天或7天向银行发出支取通知，其中1天通知存款的存期最少为2天，7天通知存款的存期最少为7天。个人通知存款需一次性存入，可以一次或分次支取，但分次支取后账户余额不能低于最低起存金额，当低于最低起存金额时，银行则给予清户，转为活期存款。

（8）关于"外币储蓄"。外币储蓄存款的货币种类为美元、英镑、欧元、日元等，存款种类分为活期和定期。定期存款的存期为一个月、三个月、六个月、一年、两年五档，按照存款账户的性质又可分为外汇户和外钞户。凡从境外汇入、携入和境内居民持有的可自由兑换的外汇均可存入外汇账户，从境外携入或个人持有的可自由兑换的外币现钞，均可存入外币现钞账户。

以上存款方式，有的适合短期计划，有的适合长远安排。不同的存储方式，适合的人群也不尽相同，想要通过存款来积累财富，就要选择适合自己的存储方式，在存储之前不妨先对存储知识和方式进行一下了解，这样才能做到有的放矢，找到最适合自己的存款方式。

生活理财笔记

日本麦当劳创始人藤田田的储蓄故事告诉我们，储蓄对于每一个人来说都是至关重要的，储蓄不仅能帮助我们存下人生的第一桶金，也能够锻炼我们的意志力和坚持实现目标的恒心。因此，我们要坚持储蓄，要了解有关储蓄的必备的知识以找到最适合自己的存款方式，保障自己的本金和收益。

如何管理储蓄

巴菲特说他从小就有储蓄的习惯，从 6 岁开始，每月存 30 美元。到 13 岁时，他用自己存的第一桶金——3000 元买了一只股票，迈出了追求财富的第一步。24 岁时他在自己的导师格雷厄姆的公司上班，他按照格雷厄姆的理财理念进行操作，两年内赚了 10 万美元，并将这些钱全部存进了自己的银行账户里。

到他 26 岁时，他的储蓄账户里总共有了 18 万美元，不久后他拿这笔存款开了自己的公司。

巴菲特年年储蓄，年年理财，这已经变成了他不可改变的习惯。如今他是美国数一数二的巨富，并一度超过比尔·盖茨登上福布斯富豪排行榜的榜首。

巴菲特曾经说过："倘若你想知道我为什么能超过盖茨那个家伙，我可以负责地跟你说，不是我挣得多，而是我花得少。"

正如巴菲特所言，他之所以富有，一方面是因他理财有道，另一方面就是因他消费得少，善于存钱，懂得管理自己的储蓄。也许你不想成为富豪，但是你至少要拥有养活自己和家人的积蓄吧。挣得多需要储蓄，挣得少则更需要储蓄，虽然储蓄的利率不高，但是它的风险低，而且聚沙成塔的威力也是不容小觑的！那么我们应该如何管理自己的储蓄呢？

1. 算清自己的财产

要想管理好自己的储蓄，先要知道自己有多少钱，先要计算好自己的身家财产。只有知道自己现在的身家有多少，才能制订出切实可行的存储计划。

2. 制订切实可行的储蓄计划

所谓"知己知彼，百战不殆"，在精算完自己的身家之后，要按照自己当前的实际情况，制订出一个对自己有针对性的储蓄计划。一般来说，处在不同时期的人的储蓄计划应该因时制宜：

①单身期。通常是毕业之后的 1 年至 5 年，这一时期应该以积累为主，每个月应雷打不动地从收入中取出一部分存入储

蓄账户，比例以月收入的 10% 至 20% 最佳。当然这个比例要视个人的收入和生活成本情况来确定。值得强调的是，要先存钱后消费，这样才能保证计划的顺利进行。

②家庭形成期。通常是工作后的 3 年至 8 年，也就是从结婚到孩子出生这段时期，这一时期应继续保持每月存款的习惯，减少不必要的消费，且储蓄的比例要加大，因为随之而来的生孩子、买房子、赡养老人等问题都需要用钱。

③家庭稳定期。一般是工作 8 年以后，这时，孩子长大一点了，夫妻双方工作都比较稳定了。这一时期应该以理财为主，当然每个月还要坚持定期储蓄，不过可以适当减少储蓄的比例，余下更多的钱去理财。

3. 守护好自己的"不动产"

这里的不动产可不是"不会动"的资产，而是"不可以去动"的资产。也就是说，无论有多么好的理财计划和发财项目，这些钱都不可以拿来用，因为它是生活不受影响的最重要保证。具体地说，要注意以下几点：

①绝不能拿来理财。这笔钱千万不可以拿去做金融理财，因为风险太大。就像不能拿自己的房子去抵押炒股一样，这种忧患意识并不是一种畏首畏尾的表现，而是心智成熟的智慧之举。

②保证一定的数额。这笔钱的数额至少应该能维持半年左右的生计，可以保证在生病不能工作、突然遭遇失业、遇到意外、家人遭遇困难等意外时的过渡所用。这段时间即使没有收入，也会因为之前积累的"不动产"而轻松渡过难关。不过在

这笔"不动产"的有效期内（也就是这笔钱用完之前），需要让自己重新步入正轨。否则，就真的要坐吃山空了。

③用过之后要及时补齐。"不动产"并不是永远不能动，如果只是一笔"死钱"放在那里自然也就失去了价值。这笔"不动产"应该是最近一段时间以及未来几年生活的一种保证。它可以是一个固定的数额，但是并不仅仅是数额的不变，可以拿出来应急或者消费，但是在用过之后一定要及时补充上。

总的来说，管理好自己的储蓄，就等于为自己的人生设置了一把保护伞。谁都不希望自己的生活出现意外，但是不想发生并不代表不会发生，如果能做到提前为"意外"埋单，那么生活就不会受到太大的影响，并且能有足够的时间进行调整。如果很幸运，前几十年没有任何意外，那么到晚年这会是一笔不少的养老金！

生活理财笔记

世界著名金融大师巴菲特对储蓄的精明管理，让我们深刻地认识到管理好储蓄的重要性。实践证明，一个没有储蓄的人是很难获得财富的，即使机会到他眼前，他也会因为没有本钱而眼睁睁地看着它溜走。因此，每个人都应该学会如何管理自己的储蓄：了解自己的身家，制订储蓄计划，坚决执行它，并保护好这笔"不动产"。

储蓄"赚"钱的秘籍

2010年8月，花旗银行和汇丰银行两家外资银行正式提出了"定存3年，利率不如1年"的新口号，彻底打破了人们长久以来一直认为的银行会"高息揽存"的思维定式。其实储蓄除有定期和活期之分外，很多银行都有一些多元化的存储方式，以拉拢储户。在现实操作中，多学习一些储蓄的技巧，关注那些利率之外的利润，也能让存款增加不少。

储蓄一直被当作一种积累的方式，而非赚钱的手段。原因很简单，即使储蓄的利息再高也是有限的，把钱放在银行里的最大好处就是安全和存取方便，想用存钱来赚钱恐怕是不可能的。的确，储蓄当然没有理财赚的钱多，用存钱的方式赚钱也的确很难，但是，即使赚不了大钱，通过合理的存储手段赚点儿小钱还是有可能的。下面介绍几种常用的储蓄"赚钱"的策略。

1．"十二存单法"

"十二存单法"，顾名思义就是有十二张存款单。每个月固定存入一笔钱，存为定期，定期为一年，一年下来一共有十二张定期的存单。到了下一年，第一年第一个月存入的钱到期了，将这些钱取出来连本带利再加上这个月本来要存入的钱一起再定存一年。

依此类推，这样在第二年以后，每个月都有定期存款到期，你可以继续和本月要存入钱的一起定存，也可以取出来应对不时之需。这样既能保证获得最大化的利率（定存的利率通常是较高的），也能让你每个月都有一定数额的钱拿来应急，减少了大额定期存款在未到期之前拿来急用时的利息损失。这种方法虽然每个月都要跑银行，但是对于手上没有大笔现金或者大额存款的人而言，是非常合适的定存方式。

2. 简便易行的"接力储蓄法"

"接力储蓄法"可以视为"十二存单法"的简化版。操作方法是，如果每个月都能固定不变地存一笔钱到自己的账户上，不妨将这笔钱存为三个月或者半年的定期。以定期三个月为例，你在之后的两个月中继续每月存一笔定期，到第四个月时，第一笔存款已经到期。如需用钱就可将其支取，没有需要则连本带利继续存，依此类推，接力下去。这样可以做到每个月都有应急的钱花，虽然不如"十二存单法"获得的利息多，但是操作却更加灵活，而且三个月定存的利息也要比三个月活期的利息至少高出两倍，对大家来说还是比较划算的。

3. 利率最大化的"五张存单法"

"五张存单法"和"十二存单法"的意思也差不多，"五张存单"就是有五张存款单。不同的是，"十二存单法"一般适合暂时没有存款的人，而五张存单比较适合已经拥有一定数额存款的人。它的存法是，将已有的存款分成五份，然后存期按阶梯状排开，由于银行没有四年期的定存，所以这笔存款需要一份定存为一年，两份定存为两年，一份定存为三年，一份定存为五年。

这样到第二年时，定期一年的存单已经到期，将它取出来，如果没有其他需要就可以连本带利存为定期五年的存款；到第三年时，两份定期两年的存款到期，取出后一份存为定期两年，一份存为定期五年；到第四年时，三年期的存款到期，取出来同样存成定期五年；第五年时，第三年存的那份两年期的定存到期，取出来定存为五年。这时，手中就共有五张存期为五年的定存单，并且每年都有一张到期，如果当年有什么重要的消费计划，就可以取出当年到期的那张存单，这样则不会影响其他定期存单的利率。因为五年的定期利率一定高于一年、两年和三年的利率，可以保证你获得的利率最高，适合想要中长期理财的人。

4．利滚利的组合存储法

组合存储一般采取存本取息和零存整取的组合方式。结合两种储蓄方式的优点，实现利滚利的目标。

操作方式为：将数额较大的资金存为存本取息的账户，由于存本取息每个月都可以将本金所赚的利息取出，你就可以将这些利息再存为零存整取，如此一来，你每个月便可以产生两笔利息，一笔来自数额较大的本金，一笔来自本金产生的利息。这不是"利滚利"又是什么呢？具有较大数额本金的人可以尝试这种方式，肯定比你单纯存款所得的利息要多得多。

5．约定转存

约定转存，就是事先与银行约定将每月存入的活期存款转存为定期存款。这种方式比较适合每个月都有进账的工资卡或者其他储蓄卡。当你的资金到账后，银行通常都会默认为活期存款，但是如果你事先跟银行签订一个协议，约定每个月资金到账之后将其中固定数额的存款自动转存为定期存款。这样，你就不必每个月都跑到银行去办"定存"了，会省去你不少的麻烦，而且还保证了定期的利率，比较适合资金不太充裕又怕麻烦的上班族。

其实，银行的存储方式并不是单一的，只要你开动脑筋、合理利用，调动一切对你有利的方式，采用各种搭配形式，聪明的你一样可以用有限的资金赚取最大限度的利息。

生活理财笔记

随着时代的发展，银行的储蓄业务也摆脱了过去那种被动存款的单一模式，推出了各种各样的业务，这对于储户来说是一件好事。面对通货膨账的压力以及银行不断减息的策略，储蓄账户的钱如果再像过去一样简单地采用"定存"或"活存"，不仅得不到利息，还可能会贬值。因此，掌握一些储蓄技巧是必要的。

第四章

股票理财：像富豪们一样去理财

　　如果有足够的实力和风险承受能力，决心进入股市，那么一定要提前做好准备。股票理财往往赢在心态，心态不好往往很难做出理性的判断，更无法有效选股。此外，理财者还需要正确认识股票的风险，要遵循理财法则，了解熊市理财的理念和策略……

　　股票理财风险大，但是收益也大，如果做好了准备，那么就像富豪们一样去理财吧！

股票理财赢在心态

在"股神"巴菲特旗下的伯克希尔公司召开的一次股东大会中，巴菲特与股东们谈到了理财心态的问题。

一位股东问巴菲特："我们应该怎样调整理财的心态呢？假如我之前理财的结果都非常好，但突然有一年理财失败了，如何调整呢？"

巴菲特说："过去理财做得成功，也许和那个特殊的时代有一定关系。但是绝对不能由于一次失败而沮丧，你要做的就是关注你今年的理财市场，只要你今年做得好就行了。"

良好的心态对每个理财者都是至关重要的。巴菲特股票理财做得好跟他拥有平和的心态是分不开的，他曾经说过："理财最大的风险不是别的，而是你自己不知道自己在做什么。"如果你对上次的失败经历一直耿耿于怀，那么你这次也很难成功。理财是有风险的，尤其是股票理财，每个理财者的风险承受能力、理财预期、自控能力等都各不相同，这些因素对理财情绪的影响也有所差别，而理财情绪往往能够直接影响到股票理财的收益。因此那些心态平和的理财者往往理财回报较高，而情绪波动大的理财者则容易做出错误的决定，进而遭受严重的损失。

股票理财赢在心态，这一点很多人都知道，然而真正能过股票理财心理这一关的人却并不多。所以，在一波股票行情过后，不管赚钱还是赔钱，理财者都应该留出一段时间来休整，以便于调整自己的心态，总结经验教训，及时调整理财组合。理财战略上的问题可以请理财专家帮助，而心理方面的问题则要靠自己。心理突破的关键是要懂得控制自己的情绪和心态，杜绝急功近利。

心态的调整可以在实践中锻炼，也可以通过学习一些心理知识和做一些强化训练来快速提升。那么普通理财者应该从哪几方面来调整自己的心态呢？

1. 养成独立思考的习惯，不随便改变自己的判断

影响股价波动的因素十分复杂，股民的跟风心理是其中的一个重要因素。有跟风心理的理财者，看见别人买进，他也会买进，看见别人斩仓，他也会斩仓，很少自己亲自了解买进或斩仓的股票是不是有潜力或者该不该卖。一群盲目跟风的理财者的买卖交易，很容易造成股市价格在短期内突然大幅波动。而且这种跟风心理还很容易使理财者在股市上落入那些居心叵测的人设的陷阱，进而利益受损。所以，理财者在理财的时候要相信自己，树立自主交易的意识，拒绝跟着别人屁股后面走。

那些盲目跟风、听内幕消息的人也许能够赚一两次钱，但是时间久了就可能血本无归。比尔·盖茨和"股神"巴菲特是好朋友，然而比尔·盖茨却从不跟巴菲特打听任何所谓的股市

内幕消息，有时候巴菲特即使主动要告诉他，他也拒绝听。虽然巴菲特是自己的好友，他也相信他的能力，但是盖茨更相信自己的判断。对于理财者来说，相信自己的判断，多研究市场、调查公司的情况，比听那些小道消息强得多。

2. 连续几次成功交易之后，要适当控制自己的交易次数

股市的风险还是很大的，不适合连续作战，尤其是连续几次成功交易之后，更应该停下来调整自己的情绪，避免下次交易还带着前一次的情绪。股市里没有永远的胜利者，千万不能被胜利冲昏了头脑。理财者应该休息一阵子，总结一下过去还有哪些不足的地方，为下一次理财做好扎实的准备。

股市交易具有刺激性，有些理财者为了寻求刺激而盲目频繁交易，这种行为对理财者的身心和财产来说都是非常危险的。要知道，在单边行情里，股市涨落经常是沿着一个方向的，如果单边操作屡屡获胜，理财者就很容易忽视风险而不断跟进，一旦形势逆转，就会损失严重。

一个聪明的理财者往往懂得在顺境中增强自己的危险意识，减少投入资金，降低交易频率，或是休息一段时间进行调整。这样不但能够避免因被胜利冲昏了头脑而做出错误决策的风险，而且还可以让自己充分休息，为下次交易养精蓄锐。

3. 根据自身实际情况进行理财

每一个理财者的经济条件、心理素质、家庭负担等情况都不同，理财应该量力而行，切忌盲目理财。通常来说用部分闲置资金进行股票理财是最稳妥的，因为这部分资金的盈亏不会

影响理财者的生活质量。此外，只有用闲钱来理财，才能无压力地选股控股，才能保持好良好的心态。

我国道家创始人老子的核心思想是"无为而治"，这个思想完全可以运用到股票理财领域。普通理财者不妨学学老子的思想，无论理财盈亏，都保持"得意时淡然，失意时坦然"的心态！

生活理财笔记

巴菲特认为，理财者应该保持良好的心态，即使失败了也不要气馁；要快速面对失败，及时调整理财组合，以一颗平和的心关注当下的交易。总之，尊重股市规律，调整好个人心态，是每个理财者都应该学会的。

股票的风险性：比尔·盖茨为什么不断减持微软股票

比尔·盖茨最大的财富就是他持有的微软的股票。1986 年微软刚上市的时候，盖茨个人股份占微软的 44.8%。随着微软股价的不断上涨，盖茨的财富也不断增加。虽然他对微软信心十足，但是为了降低自己财富的风险，他依然开始逐渐减持微软股票。最让股民震惊的是，他曾经在短短的三个月抛出了约

500 万股微软股票。

比尔·盖茨很早就意识到了股市的风险，他认为过分依赖一只股票是非常危险的，即便这只股票是微软的股票。对于减持微软股票这件事，比尔·盖茨曾经表示，他对自己的公司很有信心，这么做只是为了让自己的理财更多元化。

正是因为意识到了股票的风险，比尔·盖茨才能够在金融危机之前多元化自己的资产，从而将自己在金融危机中的损失降到了最低限度。盖茨的理财策略也为无数股民指明了方向。

"股市有风险，入市须谨慎"这句话已经是人们耳熟能详的理财用语了，无论是理财专家，还是理财顾问，都会在理财者入市之前给予这样的提醒。从某种意义上来说，炒股有点类似于赌博。大部分人都愿意相信"好运气"，对理财抱有侥幸心理和从众心理。但是世上没有只涨不跌的行情，也没有只赚不赔的股票，只赚不赔不过是个美丽的梦想而已。那些资产非常稳固的世界富豪之所以一直非常富有，是因为他们不仅看到了股票的盈利，也看到了股市的风险性，上述比尔·盖茨的做法就是一个很典型的案例。

当然，这并不是否定股票的优势，打击人们炒股的积极性。只不过要大家在进入股市之前充分认识到股票的利与弊，做好心理准备，从而更加理性地面对股市的起伏变化。在决定进入股市之前，要注意以下几个事项：

（1）加强自身的金融素养。对于什么都不懂就敢贸然投身股市的理财者，只能用五个字来形容——"无知者无畏"，"无畏"固然是好事，但是要想赚钱恐怕只能凭运气。只不过运气未必就好，一旦出师不利，也只能怪自己有勇无谋了。所以，在入市之前，一定要加强自己对金融市场的认识，对理财知识、政策、法规等都要有所了解，切忌盲目跟风，误了自己的"钱程"。

（2）选择证券公司开户。既然要炒股，那就需要先向有关机构申请开通交易，这需要通过证券公司去办理各种相关手续。现在的开户手续都比较简单，不需要花费多少时间来办理。但是在选择证券公司方面也要做好选择，因为每个证券公司的交易收费和提供的信息内容是不同的，所以开户之前最好先做了解，选择性价比高的证券公司开户。

（3）做好"最坏打算"的心理准备。如果抱着"只能赚钱，不能赔钱"的心理，那么，还是别入市的好。要知道，股市不仅有"风险"，而且还很"危险"，也许稍不留神就倾家荡产。所以，心理比较脆弱的理财者，还是选择储蓄、国债等安全性更高的理财工具比较好。

（4）炒股一定要用"闲钱"。为了炒股，有的人拿出自己全部的储蓄，有的人动用了自己的养老钱，有的人借债贷款，甚至把房子、车子、学费、嫁妆全都搭了进去，这当然是不可取的。炒股一定不能影响你的正常生活，也就是说即使股票全部赔光了，你依然可以像以前一样生活，生活质量不会受到炒股赚、赔的影响。用闲钱炒股，才不会有压力，在没有压力的情况下才能够保持清醒的头脑，不会为了任何微小的波动而神经紧张、寝食难安，否则对你的健康也是不利的。

在了解这些注意事项之后，还要牢记这样一点，投入的资金绝对不能孤注一掷，坚决不能像押宝一样把它全部投入一只股票上。只有多元化的理财组合才能保证即使在经济不景气的市场氛围下，依然有赚钱的可能。

总而言之，天上不会掉馅饼，想要靠金融理财赚钱，就要充分认识自己和市场的能力及潜力。即使在市场表现最好的状况下依然有赔钱的可能，只有把所有的状况都计算在内，才能最大限度地规避风险，获得理想的收益。

生活理财笔记

比尔·盖茨之所以不断减持微软的股票，是因为他意识到了股市的风险，认识到了多元化理财的重要性。事实证明，他的选择是正确的，减持微软股票，进行组合理财，使得他的资产更加稳固、安全。

理财者在进入股市之前一定要充分了解股市的特点，在理财股票时要注意多元化，以分散风险，保证收益。

个人理财者如何选股：
向彼得·林奇学习选股策略

很多人都以为选股有什么秘籍，那些理财失败的人经常把自己的失败归咎于没有天分，认为理财成功的人天生就具备一颗理财的脑袋，然而彼得·林奇的经历彻底否定了这种说法。林奇小时候没有接触过股票，也不是出生在理财世家，由于幼年丧父，他们家的生活非常拮据，所以他也根本没钱去买股票，并且他的亲戚们没有一个人建议他炒股，因为他们觉得"股票风险太大了"。林奇最早接触股票是在高尔夫球场里，为了赚学费，他在高尔夫球场当球童，他常常一边捡球一边听那些球员们议论股市，谈论理财成功的经验。

当球童的经历对他影响很大，在那里，他形成了这样一种意识，那就是做事就是为了赚钱。这一思想让他成为一个现代派的金融家，而不是巴菲特那种热衷长期战略的金融家。

林奇有这样一个让普通理财者备受激励的准则——绝对不要相信那些专业理财者的建议。他说："在理财领域超过20年的工作经验让我可以肯定这一点，普通的业余理财者只要多付出一些努力，他选股的回报率就可以比华尔街那些理财专家们的平均回报率高。"

彼得·林奇认为，个人理财者具有很多专业理财者没有的优势，比如他们时间充裕，没必要赶时间，能够集中精力选股。那么普通理财者应该如何选股呢？下面我们一起来看看林奇的建议吧!

1．把股票分为六类，偏爱中小型成长股

林奇把公司股票分成六大类，即缓慢增长型公司股票、稳定增长型公司股票、快速增长型公司股票、周期型公司股票、困境反转型公司股票、隐蔽资产型公司股票。

林奇不喜欢前两种股票，他更偏爱快速增长型公司股票（中小型成长股），只要找到一家优秀的公司，并长期持有（5 年至10 年），回报率甚至能够达到 20 倍至 200 倍。

对周期型公司股票，林奇认为可以阶段性持有；而困境反转型公司股票的风险很大，不过如果能够看得准，也能够得到可观的回报，当然这需要独具慧眼。对隐蔽资产型公司股票，理财者则需要仔细研究他们的财务报表或实地去调查他们的具体情况。

2．异于寻常的选股标准

林奇选择股票有一个怪标准，那就是绝对不买这些股票：热门行业中的热门股票、人人谈论的股票、依赖大客户的供应商公司的股票、公司名字过于花哨的股票、被吹捧潜力无限的公司股票、"多元恶化"公司的股票。

他说自己喜欢的股票一般是这样的：公司名字毫无新意，甚至无聊；公司业务让人讨厌，毫无意思；公司是从母公司分离出来的；理财机构不买的股票，理财分析师不追踪的公司；公司业务让人压抑难受（如殡仪馆）、行业零增长；公司有一个利基；公司产品热销；公司为一些高科技产品的大客户；公司内部人士不断买进自己的股票；回购股票的一些公司。

事实上这些策略是对的。很多热门行业中的热门股票把股民们害得不浅；香港股市中那些名字过于花哨的企业，比如西伯利亚矿业（业务跟矿业一点也不沾边）股市表现也不理想。还有那些机构持有股票的往往很难大涨，反倒个人持有的股票经常疯涨。

3. 相信实践

彼得·林奇的股票理财从来不依靠市场预测，也不相信那些所谓的专业技术分析。他从来不做期货期权交易，也不做空头买卖，他更喜欢依据自己实际调查研究出来的结论来选择股票。

4. 一个好公司 + 合理的价格 = 成功

彼得·林奇认为找到一个各方面都不错的公司，就等于成功了一半；持续关注这个公司，在一个合理的低价位买进，是成功的另一半。

5. 坚持理财组合理论

彼得·林奇注意资产的灵活性和多元化，主张以理财组合来分散理财风险。

如果他发现某个行业发展趋势不错，他会买进一批这一行业的公司股票，有时是几家甚至几十家，然后看看这些股票的情况，卖出那些表现不好的股票。他认为只要这个组合中有回报率非常高的，这个理财组合就不会亏损。他认为理财组合能够分散风险，使收益最大化，既不会错过那些未来表现非常好的股票，也不会因为只选择了一只表现差的股票而亏损。

6. 业绩好的股票，可以长期持有

林奇说："我买进的最好的股票一般是三五年之后才会回报率大增的股票。"那些业绩优良的股票，可以持有 5 年至 10 年。当然如果这个公司有问题了或是股价涨得太高，失去了盈利空间，就要迅速抛掉。

7. 坦然面对失败，即时调整策略

彼得·林奇认为，股市里没有常胜将军，他自己也失败过很多次。他认为，买错股票是很正常的，理财者要坦然面对失败，然后迅速改变理财策略。

简言之，彼得·林奇认为股票理财是一门艺术，要投入企业，而不是投机股市。对于普通理财者来说，面对股市应该保持一个清醒的头脑，然后才是认真地挑选那些有潜力的企业，从而实现制胜股市的愿望。

生活理财笔记

股票理财大师彼得·林奇的选股策略对普通理财者来说很有意义。正如他所言，个人理财者有着很多内在优势，只要理财者在选股的时候有耐心、有恒心，就像买房子一样，认真考察之后才下手。

熊市如何理财：巴菲特的熊市理财战略

一位专门研究"股神"巴菲特的知名学者说："在熊市，巴菲特会兴高采烈得一塌糊涂。"巴菲特曾经说过这样一句话——"大跌即大喜"，他认为熊市是赚钱的大好时机。因为股市大跌可以让很多好公司、好股票的价格大幅度降低，这样，他就能够用低价买到好股票，这就好比超市打折促销的时候我们能够以很便宜的价格买到自己需要的好东西一样。熊市来临的时候，巴菲特会特别高兴，而1967年至1969年三年持续牛市的时候，股市第一次冲破1000点，巴菲特却表现得特别谨慎。

巴菲特在他事业生涯中经历过很多次股市大跌的情况，每一次他都能在股市尚未临近顶点的时候果断退市。当熊市大跌的时候，巴菲特早就准备好了充足的资金，任何时候他都像一个精力充沛的猎户，将猎枪装满子弹，等"大象"一出现，立刻给它致命的一击，然后满载而归。

很多散户都认为有价值的理财就是长时间持有某种股票，并且认为无论这只股票是好是坏，只要持有的时间够长就一定能赚钱，但是巴菲特并不认可这种理念。巴菲特的股票理财更像理财公司，他是很多优质公司股票的长期持有者，他持有的股份足够使他成为那些公司的长期股东，实际上他也非常关心那些公司的实际运营，且经常适时地提一些有价值的建议。

巴菲特认为在股票理财中，牛市不能过于贪心，要尽早抛出，而熊市则要避免恐惧心理，敢于抄底。简单地说，理财者要能把握住股市的趋势，先要拒绝贪婪，理性退出，然后耐心等待股市大跌，勇敢抄底。在风云变幻的股市中，很少有人能够做到既反贪又敢抄底，而巴菲特一直在这么做。

股市里流行这样一句话"买涨不买跌"，这跟巴菲特的股票理财理念是恰恰相反的，很多时候巴菲特更热衷于"买跌"。巴菲特认为熊市理财是一种建立在长期发展目标上的战略，而不是小打小闹的投机把戏。试想一下，是用几元钱的低价买进股票，几年后以几十元、上百元的高价抛出呢？还是等到股票涨到几十元、上百元了，再跟风买进呢？很显然，前者更理性，也更能赚钱。

自2008年金融危机之后，这几年股市一直处于低迷状态，很多理财者都觉得熊市理财机会有限，然而果真如此吗？实际上熊市的理财机会要比牛市多得多。就目前的情况来看，目前的这轮熊市还会继续，并且持续时间、下跌幅度以及波及范围可能会比许多理财者想象的还要深远，因此，在熊市选股策略上，一定要站在长远的角度，要有耐心、有恒心、有技巧。

熊市是给那些目光长远的聪明理财者送财富的好时机。普通理财者要想在熊市中成为聪明的捞金人，就要注意以下几点：

（1）调整好自己的心态。熊市理财更需要保持良好的心态，戒骄戒躁，不要总是回顾过去牛市中的种种好机会，这会让人变得消极。不要总是盯着股票的价格，那些不停变化的数字会让人失去理性的思维。试着不去关心价格的变动，认真地看一看市场报告、跟股票经理人聊一聊，又或者买一本理财大师总结的关于过去熊市的书……总之，做那些能让人保持理性思维、认清现实的事情。

（2）以长远眼光进行理财。杜绝那种"抢反弹"的想法，从长远发展的角度选股。要敢于抄底，选准一只被市场严重低估的成长股、价值股，耐心等待它从几元涨到几十元、上百元，并且要相信自己的选择。

（3）牢牢把握顺应长期趋势理财的战略。只有长期趋势发生变化的时候才能调整长期理财策略，要抵制那些小波动、小趋势带来的心理影响，不能因为股市小反弹而改变自己的理财组合，这样很容易在小趋势里被套牢。

（4）以价值选股思路为中心，杜绝跟风理财。包括巴菲特在内的很多理财精英都是基于这一思路进行选股的，比如2006年之前的船舶、农业、资源股等均为价值股，事实上它们两三年之后均有不俗的表现，有些股票的价格甚至翻了几十倍。

熊市理财最需要就是勇气，勇敢一点，如果你确定理财的有利时机已经来临，一定要抓住这个机会，果断买进。此外，借鉴成功者的经验，以正确价值投资理论指导自己。战胜熊市并没有你想象的那么难！

常识理财法的力量

　　股票理财是一门高深的学问，从选股时对股票发行企业的
基面分析，到研究无数股票走势图，再到学习复杂的理财系统，
理财者需要掌握的知识非常多。理财者需要多学习这是毋庸置
疑的，然而在股市上赚大钱的理财大师们，真的是靠那些晦涩
深奥的专业知识取胜的吗？答案是否定的，事实上依靠常识进
行理财照样能够赚大钱。

　　"股神"巴菲特在理财中非常信任常识，他经常会观察自己
的妻子和女儿的购物行为，并从中发现理财的好时机。巴菲特
非常相信流传了两千多年的伊索哲言，比如"厨房里不可能只

有一只蟑螂"等。他还表示："不管你有多高的天赋或多么努力，有些事情需要的只是最简单的时间，你不能让九个怀孕的女人在一个月内生出孩子。"巴菲特把这些常识应用在股票理财上，并且获得了丰厚的回报。没错，巴菲特就是依靠这些再简单不过的常识赚取巨额财富的。

那么，什么是"常识"呢？常识就是人类在几千年文明中不断被证明是真理的事情和道理，这些事物不会因为客观环境的改变或人们主观意识的改变而消失。简单来说，不管社会形态是怎样的，资本主义也好，社会主义也好，这些"常识"不会因为这些外在事物的改变而改变。

什么是常识理财法呢？

假如你现在使用的手机是苹果公司生产的，那么你就去购买苹果的股票；假如你每个假日都会去新玛特超市购物，那么你就去购买新玛特的股票；假如你家里常备康师傅方便面，那么你就去买康师傅公司的股票……这就是常识理财法。

彼得·林奇是华尔街最著名的金融大师之一，被美国金融界公认为20世纪全美最杰出的金融天才。他认为常识理财法的力量是不可小视的。

林奇在自己的著作《华尔街的英雄》一书中介绍过一个依靠常识理财制胜股市的例子：

20世纪50年代，在新英格兰工作的一位消防员发现该地区的Tambrands公司在快速扩张，他想倘若这个公司的业绩不是蒸蒸日上的，这个公司是不可能以令人惊讶的速度扩张的，于是他果断地购买了 2000 美元 Tambrands 公司的股票。

此后，Tambrands 公司不断扩张，这个消防员也不断跟进，每年都会增加 2000 美元 Tambrands 公司股票的持有量，一直持续了 5 年。

22 年之后，Tambrands 公司的股价翻了数倍，这位消防员到了退休的年龄，他成了当地有名的百万富翁。

这位消防员利用的就是常识理财法。直到现在，常识理财法仍然是股市中最安全，也是最简单、最有效的理财方法。常识理财法在股市中的力量是无穷的，对于普通理财者来说，依靠常识进行理财毫无疑问是最简单也是最能够赚钱的好方法。

此外，要想真正掌握常识理财法，还需要了解以下几点。

1. 任何人都不能避免理财风险

当你决定用金钱去赚取更多的金钱的时候，你能够决定的不是是否要承担理财风险，而是承担何种风险。任何人都不能逃避风险，即使储蓄账户里的钱，也会面临通货膨胀带来的贬值风险。

在股市中，短期理财的风险非常大，不过如果能够合理地进行股票的理财组合，长期持有优质股也能够有不菲的回报。

2. 买入优质股，并且坚持长期持有

巴菲特曾经说过："如果找到一只优质股，也许我会一辈子持有它。"据了解，巴菲特持有的股票平均年限都在 8 年以上。股票理财并不是依靠买卖交易来获利的，而是靠长期持有来获利的。理财大师彼得·林奇也认同这一观点，他说："把现在手上的股票保留下来，要比经常买卖交易赚到的钱多得多。"

3. 多元化理财，分散风险

我们都知道把鸡蛋分散放在几个篮子里，其中一个篮子里的鸡蛋发生意外，并不会影响其他篮子里的鸡蛋。分开放的目的就是分散风险。那么什么是分散理财呢？

美国分散理财大师约翰·邓普顿曾经说过："所谓的分散理财指的是把所有的理财资金分成几个部分，然后将这些资金分散投入很多不同企业不同类型的股票中去。"

不过使用分散理财的前提是能够把握理财组合的全部品种，对于普通理财者来说，操作起来不是那么容易的。

另外值得注意的是，不能过度分散资金，否则也会导致垃圾股占用大量资金，而没钱买绩优股的情况发生。

4. 股票的表现不会好于企业的业绩

巴菲特每年都会给股东们写上一封信，透露一下这一年来经营的业绩和理财的策略。有一次，他在信中这样写道："在牛市中，股票持有者的理财回报看似比企业本身的业绩要高得多，然而遗憾的是这是一种假象，股票的表现永远也不可能超过企业的业绩。"

要知道，频繁的交易、理财的成本费用等也会影响股东的收益，实践证明股东们最终得到的回报要比企业本身获得的利润低得多。

5. 便宜没好货，好货不便宜

巴菲特在 20 世纪 50 年代刚进入股市的时候就明白，买进价格低廉的股票要承担的风险是巨大的。因为发行低价股票的企业往往业绩很差，甚至濒临破产，购买这种企业的股票的结果十有八九是赔钱的。因此，巴菲特始终青睐绩优股，而且他更喜欢买那些价值偏高的绩优股。

总的来说，对于股市中的普通理财者来说，依靠常识进行股票理财是一种既简单又有效的理财方法。在日常生活中，有很多常识经常被我们忽略，而这些被忽略的常识往往能够给我们带来不错的收益。因此，理财者在平时应该注意观察生活中的小事，比如自己和家人的购物习惯等，从生活中挖掘那些被隐藏的理财良机。

生活理财笔记

巴菲特、彼得·林奇等金融大师都非常相信常识，他们在自己的事业生涯中时刻谨记并执行这一点，他们通过常识理财法获得了惊人的财富。在股市理财中，"常识"是一双看不见的手，能够帮助理财者制胜股市，理财者要善于利用这种力量，多留意生活中的小事，这些小事的背后往往就是获得收益的契机。

第五章

基金理财：请专业的理财团队帮你理财

如果你因为股市的高风险而对股市望而却步，又不满足储蓄的低收益，那么基金理财将会是个不错的选择。基金比储蓄的收益大，而较股票的风险小。基金收益波动小，比较稳定，近年来备受理财者的青睐。此外，基金理财还有一个股票理财不可比拟的优势，那就是基金管理公司拥有很多经验丰富的专业理财人士，选择基金理财就等于请专业理财团队帮自己理财，获利机会更大。

基金理财：
产品丰富的中低风险理财

"基金"是指由基金管理公司通过发行基金单位，集中理财者的资金，由基金托管人托管，由基金管理人管理和运用资金，从事股票、债券等金融理财，共担理财风险、分享收益的一种间接证券理财方式。

作为理财的一种重要形式，基金备受人们的喜爱。首先，基金比储蓄的收益大，而较股票的风险小，它的收益波动小，比较稳定，这是基金获得人们青睐的主要原因。

其次，基金产品非常丰富，能够满足人们的多样化需求。人们进行基金理财大都是基于家庭需要的考虑，而每个家庭对于资金的流动性、安全性和收益性的需求都各有不同；再加上人们处于不同阶段（如单身、结婚、生子、退休等）的家庭生活对基金理财产品的需求也是各不相同的，而基金产品的丰富性正好可以满足人们这种多样化的理财需求。

基金大致可以分为三类：股票型基金、债券型基金和货币市场基金。

（1）股票型基金。所谓股票型基金是指将基金资产中至少60%的资产投入股市，有些股票型基金理财股票的比例甚至高达 95%，这就使得股票型基金可能会具有可观的收益，但同时也有了相对较大的风险。

不过，由于其属于股市操作大户，又有专家的技术支持，其风险仍然比理财者自己炒股小很多。这类基金可以满足对收益有较高要求的理财者。

（2）债券型基金。之所以称为债券型基金，是因为这种基金有 80% 以上的资产都配置到了债券市场上，其标的主要有国债、金融债和企业债等。

由于债券市场所具有的特点，这类基金的风险和收益都要小于股票型基金，但是收益稳定，又被称为"固定收益基金"，能够满足对固定收益要求较高的理财者。

（3）货币市场基金。这类基金基本上只将基金资产投于一些诸如国库券、商业票据、银行定期存单、政府短期债券、企业债券、同业存款等短期有价证券类的短期的票据市场。

货币市场基金虽然收益不是很高，但是它的风险低，且流动性非常强，是一个非常好的现金管理工具。这类基金能够满足对资金流动性要求高的理财者。

基金的同质性让理财者选择基金产品更加方便。理财者应该知道，股票涉及成百上千的行业，股市上有成千上万的企业，其境况绝对可以用"千变万化"来形容。即使是最优秀的股市研究人员，也只敢说比较熟悉其中的一两个行业而已。可想而知，对于普通人来说，股票是一种相当复杂的理财工具。但是基金"大同小异"，操作起来相对简单、方便。人们只要根据基于企业长期业绩表现统计出的权威基金评级结果来选择优良基金就可以了。对于忙碌的现代人来说，基金产品实在是一种简捷的理财工具。

此外，基金定投的方式也非常好的理财方法。基金理财方式一般分为两种：一种是单笔理财，另一种是定期定额。对于没有什么理财经验、资金又不太多的理财者而言，可以选择第二种理财方式，也就是人们一般所说的"基金定投"。基金定投是指在一个固定的时间以固定的金额投到指定的开放式基金中，比如在每月6日将600元定投到某项基金，这有点类似于银行的零存整取。

当然，现在的基金定投不用理财者每个月都跑去银行办理，只要理财者购买好某项基金，约定好时间、扣款金额，基金公司就会通过银行每个月自动从理财者的账户扣款并进行理财。基金定投的方式主要具有以下三大优点：

第一，投入定期化聚集了小钱。因为每个人每隔一段时间手里可能就会有一些闲钱，与其在不知不觉中消费掉，还不如拿这些钱来理财，每个月虽然投入不多，但是时间一长就会积累起一笔不小的财富。

第二，扣款自动化简化了操作。基金定投的手续办理非常简单，只需要到基金代销机构办理一次性的手续，以后每期的投入金额就会自动从理财者的银行账户中扣除。

第三，理财平均化分散了风险。因为资金是分期进行投入，这样不仅投入的成本会比较平均，而且能有效地分散一次性投入所带来的较大风险。

由此可见，基金无论是产品的多样性，还是收益与风险性等方面，又或者是理财、操作过程，都具有很大魅力。难怪它已经获得许多人并且即将获得更多人的青睐。

生活理财笔记

基金风险小、收益大。对于个人来说，是一个不错的理财选择。

什么是对冲基金

阿尔弗雷德·琼斯，1923 年毕业于哈佛大学。1949 年他在《财富》杂志发表的《预测的最新潮流》一文中首次提出了对冲策略，同一年，他根据这个策略进行理财，并与 3 个合伙人共同创立了 A．W．琼斯公司，这就是世界上第一家对冲基金。

琼斯第一次将"卖空"策略应用到股票理财当中。因为单纯的"卖空"交易风险很大，所以他将"卖空"交易和一般股票买卖结合起来，也就是采用"买借结合"的策略。这种策略的具体实施是这样的：他通过做长线的方式，以低价位买入几个潜力股，与此同时，他又借入一批可以反映股市平均指数的股票，在股市上卖出。这样一来，不管股票上涨还是下跌，他都会有所收益。股市上涨的时候，只要买入的股票增幅大于卖空的股票增幅，就能够获益；反之，当股市下跌，只要买入的股票跌幅低于卖空的股票，也能获益。当然，倘若选股不当，股市上涨时买入的股票增幅低于卖空的股票，股市下跌时买入的股票跌幅高于卖空的股票，就会赔本。

琼斯创造的对冲策略即目前对冲基金最常运用的"多／空"策略。这种策略的好处就在于不管股市是跌还是涨，都能够盈利。依此策略理财，琼斯对冲基金赚得盆钵满溢，1955年至1964年连续十年时间，其平均回报率高达28%。

1952年，琼斯将琼斯对冲基金的结构改为有限合伙制，并给予管理合伙人20%的分成，作为激励薪酬。琼斯是首位在资金理财上运用卖空策略、资金杠杆，以及采用合伙制与理财者共同承担风险，创建基于业绩表现的薪酬制度的理财人。所以，他被誉为"对冲基金之父"。

对冲是一种以降低风险为目的理财策略，套利保值的一般形式是在资产或某个市场上进行交易，用以对冲资产或另外市场上的风险。20世纪80年代对冲基金以迅疾的姿态发展成为金融业里重要的理财门派之一，并日益被理财者接受和青睐。不过经历了几十年的发展和演变，目前的对冲基金已经和最初琼斯对冲基金的模式大不相同，它不再以对冲风险为目的，而是成为一种以最新的理财理论与复杂的操作技巧为基础的理财模式，这一模式意味着高风险和高收益。

许多世界知名理财大师都建立过自己的对冲基金，比如乔治·索罗斯的量子基金和朱利安·罗伯逊的老虎基金等，通过运用对冲策略，他们的资产都曾经达到过数百亿美元。但是也由于对冲基金的高风险性，老虎基金如今已经不复存在。基于对冲基金的高风险性，许多国家对对冲基金的理财者都有所限制。

要想正确运用对冲基金，首先要掌握对冲基金的基本特点：

（1）理财活动异常复杂。近年来，对冲基金日渐倾向于采用各种复杂的金融工具，如股票、期货、期权，等等，通过复杂的技巧组合设计，根据对市场的预测进行理财，以获得更为丰厚的收益。

（2）理财效应具有高杠杆性。典型的对冲基金往往利用银行信用，以极高的杠杆借贷几倍甚至几十倍于自身的资金，从而获得最大的回报。这就导致了对冲基金的极大风险性。

（3）筹资方式以私募为主。由于对冲基金的高风险性，许多国家都禁止公开募集资金，因此对冲基金一般都具有私募性质。

（4）理财操作隐蔽、灵活。与一般证券理财基金不同，对冲基金可以运用目前所有的金融工具进行组合理财，最大限度地使用信贷资金，以获得高于市场平均利润的巨大收益。基于对冲基金操作的隐蔽性和灵活性，对冲基金备受国际金融市场投机客的喜爱。

那么对于理财者来说，如何理财对冲基金才能规避风险并获得较高收益呢？

对于理财机构来说，应该善于利用机构自身的优势。传统理财机构适合建立以"多／空"策略为主的对冲基金；拥有投行、数量化分析背景与经验的理财机构可以发展桃李基金、事件基金。如果对冲基金市场发展较为成熟，建立理财于对冲基金中的基金，也可以分享到不错的收益。

对于个人理财者来说，要想在对冲基金中取得长期的收益，首先要坚持资产合理配置、低成本管理以及多样化理财组合等组合理财理论和原则。

生活理财笔记

哈佛出身的阿尔弗雷德·琼斯利用对冲策略进行理财，使自己的琼斯基金公司连续十年保持较高的回报率，自己也成为腰缠万贯、富甲一方的富豪。由此可见，对冲基金具有高收益性。不过对冲基金理财在获得可观利润的同时伴随着高风险，因此理财者在选择对冲基金的时候一定要慎而又慎，切莫急躁大意，否则很可能一夜间倾家荡产。

如何进行基金组合理财

2009年9月，哈佛大学捐赠基金对外公布了2008年至2009年度财务报告，由于受金融危机的影响，这一年的收益率

是 -27.3%，不但比周期基准收益率 -25.2% 要低，而且比所有大型捐赠基金的平均收益率 -18.2% 也要低，这是哈佛捐赠基金近十年来亏损最严重的一年。而在 2008 年之前的十年中，哈佛捐赠基金的平均年收益率高达 13.8%，一直是业界的翘楚。就在 2007 年至 2008 年度财务报告还显示，其年收益率为 8.6%，不仅比基准收益率 6.9% 要高，而且比所有大型捐赠基金的平均收益率 -4.4% 高很多。

虽然席卷全球的金融危机哈佛捐赠基金很难幸免，但是什么让它的表现与之前差距如此之大呢？哈佛捐赠基金用自己的行动说明了原因，即资产配置存在问题。

自 2009 年遭遇巨大损失以后，哈佛捐赠基金迅速调整了理财战略，尤其是其资产配置。在 2009 年年报中，哈佛捐赠基金表示，将重新整合哈佛捐赠资金的资产，将流动性的管理问题提到重要的地位，将在哈佛大学自身风险承受能力内、资金需求以及总体收益率要求之上，制订更加安全的资产配置方案。比如转让或放弃私募基金理财中比例低于 5% 的部分，并和私募基金以及对冲基金的主要管理人协调，降低之后的投入额度，将之前承诺的 110 亿美元减到 80 亿美元；将投入在高估价格的市场的资产撤出，转而投向那些被低估价格的市场；今后将把更多的资产投入那些哈佛捐赠基金一直擅长的领域，比如实物理财以及固定收益的证券理财工具上。

在基金理财中，有一些理财者会有这样的错误理解：基金理财就是针对某款基金的长期投入。实际上，基金理财同样需要遵循组合理财理论，将不同类型的基金通过合理配置组合在一起，不仅能够起到分散风险的作用，而且能够增加理财的收益。当然，倘若你投入基金的资金数量很少，比如几千元到一万元，就没什么必要进行组合理财了。但是倘若你用于基金理财的资金数额很多，比如几万元甚至几十万元，就必须进行组合理财了。

美国著名金融大师彼得·林奇曾经说过："证券市场变幻莫测，某类基金或是某个拥有某种理财习惯的基金经理人的表现不可能一直非常好。适用股票的组合理财策略，对于共同基金来说同样适用。"

在实际理财中，还有一部分理财者虽然意识到了组合理财的重要性，但是他们在运用这一策略的时候经常陷入两个误区：

第一个误区是：将资金分成很多部分，分散投入许多基金之中，这是对组合理论的错误运用。事实上，虽然分散投入有利于降低风险，但这绝不意味着资金越分散越好，资金在分散的时候要有一个度，分散有方才能实现分散理财的真正目的。所谓"有度"也就是说要适度分散资金。一般情况下，组合中的基金不宜超过 3 个；所谓"有方"也就是说挑选基金的时候要讲究方法，以保证选出的基金都是优质基金。

第二个误区是：在基金组合中，多数基金的风格是相似的。这样一来，组合中每只基金的收益表现都是相互关联的，就和选同一只基金的效果差不多，完全体现不出组合理财的效果了。

那么，对于一般理财者来说，应该如何进行基金的理财组合呢？

1. 正确评估自己的风险承受能力，确立一个明确的理财目标

我们都知道基金理财是有风险的，因此在基金理财之前，我们首先要理性确认自己的风险承受能力，然后根据这个评估做出一个实际的理财目标，包括收益率、理财周期，等等。在评估自己的风险承受能力的时候，可以从这几个方面考虑：年龄、家庭负担、年收入、所投入金额占个人资产的比例、心理承受能力，等等。

一般来说，风险承受能力高的理财者，可以制订"进攻"风格的理财组合方案，即高风险、高收益的基金理财组合；而风险承受能力低的理财者，可以制订"防御"风格的理财组合方案，即低风险、低收益的组合。比如王先生单身，是某公司高管，他想要通过基金理财实现12%的高收益率，那么他的理财组合应该是股票型基金、偏股型基金或者是配置型基金。

2. 明确自己的投入时间

资金投入时间也是影响基金理财组合策略的重要因素。

倘若你的投入期限是30年之后的退休养老，这个时候你能承受的收益波动就相对较大，由于能够分散风险的时间跨度大，就算中间一时出现损失，还有时间等待基金的上涨，这时候，你的基金理财组合可以偏向于股票型基金。但是倘若你的投入目标是一年或是几个月，这个时候你要考虑的首要因素是保证本金的安全，不能冒险求胜，这个时候，你的理财组合就应该偏向债券基金、配置型基金、货币市场基金，而非风险较大的股票型基金。

简言之，在投入基金之时，必须牢记基金组合策略的几个要点：避开人为的惯性误区，根据自己的风险承受能力、金额投入时间以及具体投入资金等情况，制定适合自己的基金理财组合，最终实现自己的理财目标。

生活理财笔记

在金融危机之前，哈佛捐赠基金的基金理财组合偏向于对冲基金、私募基金、股票型基金等高收益、高风险的理财组合，这也是它在金融危机中损失严重的一个重要原因。经历了金融危机，哈佛捐赠基金在重新评估了哈佛自身的风险承受能力之后，将基金理财组合转向实物理财和固定收益的证券工具之上，这正是为了降低风险，保障哈佛大学的资金需要，事实证明这是明智之举。

对于普通理财者来说，哈佛大学的理财经验值得我们吸取和借鉴。在进行理财组合之时，切记在自身能够承受的风险能力基础上理性决策。

指数基金：指数上涨我赚钱

在牛市中，指数基金以其便宜和安全性高的特点，备受基金公司和理财者的追捧。那么，指数基金到底是什么呢？指数基金是股票型基金中的一种，也被称为"被动型基金"，这是相对于主动型基金来说的。

所谓主动型基金，是指在基金条款中没有明确规定其投入的具体个股以及每只个股的资金比例，基金经理可以根据自己的经验和对市场的判断，主动调整个股和仓位以获取最大收益的基金。常见的"灵活配置型基金""行业轮动基金""内需增长基金"等，都属于主动型基金。

而指数基金是指以指数的成分股为理财对象，通过购买大部分或者全部成分股来复制指数的表现，指数上涨，基金上涨，指数下跌，则基金下跌。

相对主动型基金而言，它不会主动寻求超越市场的表现；股票理财的资产比例更高，往往高达95%之多，几乎达到了极限；并且它所购买的个股的种类比重也不是基金经理可以随意决定的，而是严格按照它所追踪的指数来配置的。

如沪深300指数型基金就是如此，基金资产的95%都会被投入沪深300指数的成分股，并且投于个股的资产所占的比例要与个股在沪深300指数里的权重一样。也就是说，如果基金总资产为1000万元，那么就有950万元投入股市，而且全是购买沪深300指数的成分股；如果在沪深300指数中东方航空的权重占5%，民生银行的权重占3%，那么对应的沪深300指数基金所投入的950万元中就应该有950×5%=47.5万元用于购买东方航空公司的股票，而用于民生银行股票购买的资金为950×3%=28.5万元。

这就是指数基金，而正是指数基金的这种运作方式决定了指数基金的特点：

（1）与其他基金相比，指数基金是最便宜的。由于指数基金严格复制了它所追踪指数的个股配置，相对地，基金经理主动操作的成分就会减少，自然基金公司对指数基金收取的管理费用就会相对较低，这样一来，指数基金就比其他基金更加便宜了。

（2）股市景气的时候，指数基金是收益率最高的基金。如在2009年的牛市里，平均收益率超过83%的指数基金就有19只之多，其收益率都高过上证综指。而这主要是因为指数基金必须拿出95%的资产投入股票中，而主动型基金由于基金经理对风险的控制，投入股票中的比重低于指数基金，自然在牛市中，其收益就要低于指数基金了。正是因为在前些年里，指数基金所表现出来的非凡收益，才使得"基民"们极力追捧。

在2009年里，指数基金的规模迅速从年初的900多亿增长到年末的3500多亿，增长了近3倍。

但是人们需要注意和思考的是，如果在熊市，指数基金又会如何呢？当然，肯定会跌得最惨的了。

（3）对于"基民"来说，指数基金的相关信息更加透明。因为指数基金相对于种类繁多的主动型基金来说，指数基金更容易判断和选择。

完全被动地复制了其追踪指数的风格和走势，因此其优势和劣势，包括它的持仓情况、每天的表现，"基民"们都可以随时知道。信息的及时披露和充分披露使得"基民"们更加容易地对指数基金进行选择和判断。

至于操作方面，由于指数基金是一种被动型基金，基金经理不能够进行主动操作，因此只能依靠人们自己进行操作。

人们如果对市场或者指数基金所追踪的指数具有一定的判断，就可以进行波段操作来获得收益。

如股指期货即将推出，你认为这很可能会刺激沪深 300 指数上升，那么你就可以提前买进沪深 300 指数基金，等到上升到一个峰值的时候卖出。

相反，如果你觉得中小盘股最近已经活跃到极限了，即将进入一个调整周期，那么你大可减少中证 500 指数基金的持有量，以规避风险。

但是，对大多数理财者来说，要判断指数的走势是非常困难的，远比判断整个市场趋势的难度要大，因此，波段操作指数基金是具有很大风险的事。

理财者想要规避这种风险，可以采用周期性配置的操作方式。当你的理财周期足够长时，可以长期配置它；如果理财周期相对较短，可以不像波段操作那么频繁，但可以通过把握市场是在低谷还是高峰，或是处于中间状态来周期性操作。

总的来说，指数基金是一种被动理财产品，相对地，持有人操作就相对主动，但同时风险也相对较大。

理财者在理财指数基金时一定要对市场有较深的了解，而且操作的时候要谨慎。

在对指数基金做操作决策时，了解以下三个规律能够给你一定的帮助。

（1）大市值指数与小市值指数的表现的轮换周期为两个季度。根据统计，国内的大市值指数与小市值指数的走势的表现往往每两个季度就会轮换一次。也就是说，如果这两个季度大市值指数"跑"赢了小市值指数，那么接下来的两个季度，小市值指数往往就会"跑"赢大市值指数。

（2）小市值指数比大市值指数波动大。从近20年来美国指数基金的走势经验来看，小市值指数比大市值指数的波动大。也就是说，如果股市动荡，要想通过波段操作指数基金来放大收益的话，小市值指数基金比大市值指数基金更好。

（3）从长远来看，小市值指数比大市值指数收益高。如在国内，小市值股的代表是中证500指数；而大市值股的代表是沪深300指数。从2005年到2009年年底，每一年中证500指数的收益都超过了沪深300指数，并且累计超过率高达90%以上。

了解以上三个规律对理财指数基金是非常有帮助的。但是，历史经验和生活经验都告诉我们，没有什么是永恒不变的，因此，人们在未来选择基金的过程中，可以将之作为参考，却不可以奉为定律，具体怎样选择还是要通过具体问题具体分析之后再决定购买方案。

生活理财笔记

对于普通理财者来说，投资指数基金需要慎重，因为一般理财者很难判断指数的走势，虽然遇到牛市时的利润颇丰，但是一旦遇到熊市，就会血本无归。

第六章

债券理财：回报最稳定的 "古老" 理财工具

    面对不断上涨的物价，害怕自己辛苦赚来的血汗钱在通货膨胀面前价值缩水吗？倘若想让自己的资产增幅跑赢CPI、超过通货膨胀率，那么要做的就是进入理财市场，做一个让钱生钱的理财者。然而，股市和期货市场风险高，因决策失误而血本无归时有发生。不必担忧，你可以选择回报最为稳定、风险也最小的债券理财。

    本章将从债券的概念、风险性、理财技巧等方面介绍债券这种 "古老" 的理财工具，下面我们一起来学习吧！

债券理财：我们为什么要重视债券理财

2011 年 1 月，哈佛大学正式对外宣称，来自巴克莱资本的雷内·卡纳辛将加盟哈佛管理公司。卡纳辛此前在巴克莱资本担任美国信贷与全球高收益交易部门的负责人。哈佛大学称，卡纳辛的责任是组建与领导一个精英团队，以便实现"在全球债券市场上赢得良好的理财回报"的目标。

卡纳辛将会向哈佛管理公司内部管理部门主管斯蒂芬·布莱斯汇报自己的工作。在 2008 年 9 月，雷曼兄弟公司破产后，全球资本市场处于瘫痪状态，哈佛管理公司也没能幸免，整体资产缩水 27%，损失严重。2008 年 7 月，珍妮·曼迪罗继任哈佛管理公司 CEO 以后，立刻对哈佛管理公司员工结构进行了全面改组，并扩增了哈佛管理公司的内部管理团队。

哈佛大学官方发言人约翰·朗布雷克称，卡纳辛曾在雷曼兄弟公司工作 18 年，具有丰富的债券理财经验，在未来的一段时期内他将供职于哈佛管理公司，他的职位将会是一个全新的职位。

哈佛虽然拥有众多的理财人才，但它仍然需要更加专业、更加擅长债券理财的卡纳辛来担任哈佛债券理财经理。哈佛大学为什么如此重视债券理财呢？

实际上，哈佛大学自身就是一个稳定的债券发行机构，它的债务信用等级为"AAA"级，仅次于美国联邦政府。债券理财虽然是一种传统的理财工具，但是这并不影响它成为一个非常好的理财工具。哈佛大学之所以花大力气进军债券市场绝不是心血来潮，而是深思熟虑之后的理性决策。

债券是一种有价证券，是社会各类经济主体为筹资而向债券理财者出具的，并且承诺按一定利率支付利息和到期偿还本金的债权债务凭证。我们可以将债券理解为一个贷款协议，债券持有人把钱借给债券发行机构，除了到期后可取回本金，持有人也会收到利息。

浅显地说，债券其实就是一种借据，上面注明借款人、借款数量、还款数量、还款日期、计息方式等内容。只不过借款人变成了国家（政府）、金融机构、企业等大型单位，而且比一般的借据要正规得多，受法律法规的制约。

债券根据发行主体的不同一般分为：国债、地方政府债券、金融债券、企业债券和国际债券。其中国债是由中央政府发行，以国家的信用作为担保，可以说是信用最好的债券品种，被称为"金边债券"；地方政府债券的发行部门是地方的政府，又称为"市政债券"，流通性较低；金融债券由银行等金融机构发行，流通性和利率都比较高；企业债券一般由各大企业发行，又称为"公司债券"，利率和风险都相对较高；国际债券是由国外各种机构发行的债券，一般在日常理财中较少涉及。

债券的还款期分为短期、中期和长期三种。其中短期债券还款期在一年以内，一般分为 3 个月、6 个月和 9 个月；中期债券的还款期为 1 年至 5 年；长期债券则是 5 年以上。

在实际生活中，不仅哈佛热衷于债券理财，许多国家政府也很喜欢持有经济发展良好的国家的债券，比如我国政府就持有大量的美国联邦政府债券。对于普通理财者来说，债券理财也是一个集安全和收益为一体的良好理财手段，许多普通理财者对债券理财都相当青睐。人们之所以如此热衷债券理财，说到底还是由债券本身所具有的优势决定的，债券的优势可以总结为以下几点：

（1）债券具有偿还性。债券发行方必须在规定的偿还期限内如期向购买方偿还本金、支付利息。

（2）债券的收益相对较高。与银行储蓄相比，债券的利息一般要比银行高出许多，同时还可以买卖，通过债券市场低价买进、高价卖出，赚取其中的差价。

（3）债券具有一定的流动性。债券在偿还期内可以转让和买卖，也可以作为抵押进行贷款，具有一定的流通性。

（4）债券的安全性较高。相比于风险较高的股票和期货，债券的风险要低得多，在安全性方面仅次于银行储蓄。

基于以上特性，理财者可以在债券票面价格上涨时得到利息和票面价格差价的双重收益；即使遇到票面价格下跌，理财者只要继续持有，等到偿还期到来，最少也能赚到兑付利息，收益一样有保障。进可攻，退可守，可以说是攻守皆宜、进退自如。由此可见，债券受到理财者的欢迎也是情理之中的事。

综上所述，如果有一种理财方式能让你高枕无忧且收益颇丰，那必定是债券无疑。如果你手上正有一部分钱，却苦于理财无门，那么债券理财是一个不错的选择！

生活理财笔记

哈佛大学之所以重视债券理财，正是因为它看到了债券的优点，即安全性和收益都相对较高，认识到债券理财适合哈佛大学捐赠基金的运作特点——在安全的基础上有所收益。对于个人理财者来说，债券是一个良好的理财工具。不过在购买债券的时候要分清债券的种类，国家债券虽然收益不如企业债券高，但是安全性更高，对于家庭理财来说当属首选。

债券的风险性

债券同样具有风险。我们通常所说的债券安全性较高，这只是相对那些风险更高的股票、基金等其他金融工具而言的，并不是说债券理财没有风险。事实上，无论是国债、地方政府债券，还是企业债券，都是有风险的。美国著名金融大师本杰明·格雷厄姆这样说过："那些认为债券肯定安全的看法是非常危险的。"他认为，理财者之所以会认为债券风险小，主要是因为通常情况下，上市公司在发行债券方面比较诚实，但是谁也不能保证不会有不诚实的债券发行商。

比如，2008年的美国的"次贷危机"使得许多以房贷为主的债券价格暴跌，尽管政府接管了"两房"债券，使得规模庞大的"两房债券"没有出现恶性暴跌，但是其他没能得到政府庇佑的债券几乎都一度跌停。

此外，在我国香港的债券市场上，经常有很多债券处在折价状态之中，而且这些发行跌价债券的公司有些还是世界500强的大企业。

对此，也许你会说："这些境外的证券市场不稳定，但境内债券的安全应该没什么问题。"

的确，我国的债券发行门槛设置得很高，所以买债券基本不会亏本金，安全性从目前来说还是可以保证的。但是收益的亏损风险还是存在的，近两年来我们的银行利率起伏很大，这对于持有中长期债券的理财人士来说本身就是一种风险。理财的目的就是营利，如果折腾了多年一分钱利润都没得到，随着通胀的压力，本金的实际价值也贬值了，岂不是赔本的买卖！

就连被世界公认最安全的美国国债如今都出现了可能贬值的风险，何况是普通债券呢？

所以，对于普通理财者来说，在债券理财之前，认清债券的风险性是必须做的功课。那么，债券的风险都有哪些，理财者应该如何规避这些风险呢？

1. 通货膨胀风险

"通胀"会导致货币的购买力下降。在通货膨胀期间，理

134

财者投入债券的实际利率并不等于票面利率，这个时候的利率应该是票面利率减去通货膨胀率。

规避策略：对于理财者来说，规避通胀风险的最佳策略就是通过分散理财来分散风险，使"通胀"带来的购买力下降的风险能够被那些收益高的项目所弥补，从而享受到中间战略的好处。一般的方法是将部分资金转移到股市、期货、基金等高收益的理财工具上，不过这些理财手段本身也存在风险。

2. 利率风险

利率是影响债券价值的直接因素，利率越高，债券价格就越高，反之亦然。因此，利率的起伏变化就会带来风险。从利率风险的角度来看，由于银行利率的起伏变化，债券到期日越长，利率变化的可能性越大，利率风险也就越大，换言之，长期债券的利率风险比短期债券更大。

规避策略：分散债券的期限，长期、中期、短期债券组合购买。利率上升，短期债券可以获得高收益，利率下降，长期债券能够获得高收益，如此互补就能有效规避利率风险了。

3. 经营风险

债券发行单位由于经营不善或其他原因导致资金周转困难，陷入财务危机，甚至破产，企业债券就会大幅贬值甚至被停牌。

规避策略：在选择企业债券的时候，要深入了解企业的经营状况、盈利情况以及偿还能力。国债的经营风险小，但利率也低，企业债券利率高，但风险大，理财者要理性权衡利弊，选择最适合自己的债券。

4. 变现能力风险

由于债券的灵活性较差，理财者可能很难在短期内以合适的价格卖掉债券。

规避策略：理财者应该选择交易活跃、变现灵活的债券，比如国债。选择冷门债券时要谨慎。

5. 违约风险

债券发行单位到期违约，不能按时支付本息。

规避策略：债券发行企业信用低或经营不善，就容易发生这种情况。因此理财者在选择债券的时候要尽量选择那些信誉高、经营状况良好的企业发行的债券。

债券理财虽然风险比其他理财工具要低，但是它的风险仍然需要理财者予以重视。

在理财之前，理财者必须理性了解债券的优势和劣势，在个人能够承受风险的前提下，选择最适合自己的债券理财组合，坚决杜绝盲目下注和随大溜儿的心态。

生活理财笔记

美国国债面临的贬值风险为所有的理财者提了一个醒，那就是债券理财也具有风险性。因此，个人理财者在进行债券理财的时候，必须理性看待债券的各种利、弊，均衡理财，最大限度地规避风险，以得到理想的收益。

债券理财的几个技巧

莫德·休亨瑞博士，曾先后在荷兰银行浩威证券集团与汉姆布鲁斯银行从事金边债券以及欧洲债券的交易，对债券理财有着深刻的认识和了解。

和很多理财专家一样，休亨瑞坚持理财的多样化原则，并且认为债券应该是理财组合中必不可少的一部分。他认为，理财者在进行债券理财的时候应该把握一些原则和技巧，比如顺应商业周期和利率周期、关注企业信用评级的上升空间、不购买自己不喜欢的债券、关注重要公告，等等。要想在债券市场顺风顺水，掌握一些必要的理财技巧是非常重要的。

1. 债券理财技巧

技巧一：购买国债好过定期存款。在时间相同的情况下，选择定期存款不如选择购买国债。一方面，国债的利息虽然在债券当中属于最低的，但是依然会高于储蓄；另一方面，它本身安全性很高，不会有什么风险。通俗地说，资金存在银行不如借给国家，在为国家做贡献的同时还得到了高利率作为报酬，何乐而不为呢？

技巧二：根据收益选择债券品种。我们购买债券的最主要目的是获得利润，所以可以选择收益较高的债券。虽然收益较高的债券风险性会相对有所提升，但是其安全性依然大大高于股票和基金。风险承受能力相对较高的人不妨尝试一下企业债券和可转换债券等收益相对较高的品种。

技巧三：有效利用时间差，提高资金利用率。债券发行之前会规定一个日期和固定发行天数，如半个月。同样，到期兑付的日期也有一个时间限制。理财者需要在规定的时间内去购买和兑付。为了提高资金的周转和利用率，如果在发行和兑付期限内都能够买进或兑付的话，应该选择在发行期的最后一天购买和兑付期的第一天兑付，利用这个时间差可以减少资金占用的时间，为理财资金争取到更多的利用空间。

技巧四：卖旧换新，赚取较高利息。如旧国债还没有到期，但新的国债又要发行，而且新国债的利息和收益要高于旧国债，但此时手中没有足够的资金去购买新的国债，这时候大可不必非要等到旧国债到了兑付期再去兑付。为了获得更大的收益，理财者完全可以将手中的旧国债卖掉，然后连本带利投入新的国债当中。这样，既不用理财者再去动用其他资金去购买新国债，又赚了新旧两种国债的钱，不是非常明智吗？

技巧五：地域差、市场差带来价格差。如通过不同的市场和地域进行国债交易可以让理财者从中赚取差价。比如，深圳证券交易所和上海证券交易所进行交易的同品种国债之间是有价差的，通过利用两个市场之间的市场差，就有可能让自己从中赚取差价。此外，各地区的地域差也是可以利用的对象，通过这些差别进行买卖能够赚取价格差。

2. 三要三不要

在了解了债券的理财技巧后，还需要注意一些债券理财中的关键问题，这样理财才能更加顺利。那么，是哪些问题呢？

简单地说就是"三要三不要"。

（1）"三要"：

一要关心宏观经济发展趋势，特别是国家货币政策和财政政策这样对债券收益有直接影响的因素。

二要紧密注意金融市场形势，如股票市场、基金市场和票据市场等都是需要关注的。

三要拥有正确的心态，理财债券心态要平和，不要"人云亦云"，要有主见、有耐心，这样才能获得收益。

（2）"三不要"：

第一，不要局限于某单一品种，国债固然能够带给人们一定的无风险收益，但企业债券也是不错的选择。企业债券不仅利息要相对较高，而且其风险也在控制范围内，无论企业运作情况如何，作为企业的债权人，都可以到期收取定额的本金和利息，除非企业提前破产了。但即使企业破产了，债券持有人也拥有优先于股东的清偿权，所以同样可以追回资金。

第二，不要盲目买卖，见风使舵地频繁作策略调整。在决定理财债券之前，就应该充分考虑到理财期限、风险承受度和未来的流动性需求等问题，不要等到买了债券后又发现自己急需用钱，从而低价变卖债券；或者一听别人说发行债券的企业效益不好，就迫不及待地将债券转手，理财者要有主见，尊重市场、顺应市场，这才是正确的理财之道，要知道，企业经营一时地波动是难免的，未来的市场适应性才是最重要的。

第三，不要像炒股一样经常超短线操作债券。与股市相比，债券市场更关注大势，即国家政策和经济形势，频繁地短线操作往往会吞噬大部分回报。总之，无数事实证明，与积极交易、快进快出的超短线方法相比，长期持有策略更加明智。

生活理财笔记

债券理财专家莫德·休亨瑞博士认为，在进行债券理财之前必须了解一些理财的原则和技巧。事实上，这也是每一个理财者的必修课程。虽然债券理财具有相对安全的优点，但是这并不是说它完全没有风险，因此理财者需要掌握一些债券理财的具体技巧，并且要谨防一些理财误区，这样才能充分规避风险，获得满意的收益。

债券理财的分散化策略

哈佛出身的世界前首富比尔·盖茨一直都非常认同分散化理财的理念。

1994 年，比尔·盖茨找到了理财专家迈克尔·劳森，并与之签约，组建了卡斯凯德公司，专门管理盖茨除微软股票外的资产理财。盖茨要求劳森将资金分散到相当广的领域中去，多涉猎不同的行业和企业。

事实也证明，这些分散化的债券理财确实给盖茨带来了可观的收益。

据了解，比尔·盖茨的非微软股票资产几乎可以说是一个大型的传统债券基金，其中70%是美国的国债与多个大企业的债券，5%是外国债券。债券组合理财以其兼具安全性和较高收益备受两人青睐。卡斯凯德的理财组合涉及了能源、铁路、酒店、通信等多种行业。

债券理财确实能为人们带来不错的理财回报，但是回报率的高低取决于每个人理财的策略。要想从债券理财领域成功获利，掌握分散化理财策略是必不可少的准备。经济学家普遍推崇的组合理财理论中最重要的一点就是分散理财对象，以便分散理财风险、提高理财收益。关于债券分散化理财的策略，可以归纳为以下几个方面。

1. 债券种类分散化

这就是我们平时经常所说的"多撒种才能多丰收"，坚决不能在"一棵树上吊死"。倘若将资金全部投在政府债券上，虽然政府信誉高于企业，相对安全性较高，但却失去了从企业债券中获得收益的机会；相反，如果将资金全部投在企业债券上，虽然企业债券收益较高，但是需要承担的风险也较大，一旦企业运作出现问题，很可能血本无归。

因此，理财者在进行债券理财的时候不能孤注一掷，可以将资金均匀地分配在政府债券、企业债券以及金融债券上，即使其中一项收益低或亏损，其他几项也可以平衡收益。比如，哈佛出身的世界前首富比尔·盖茨的债券理财中就既包括国债、政府债券，也包括企业债券和外国债券。

2. 理财时间分散化

债券理财也应该讲求时机，最佳的策略是将资金分为几部分，购入债券的时候分几个不同的时间下注，切记不能一下子全部将钱投进去。这主要是由于债券价格与利率并不是固定的，它们会随着时间而变动；此外，如果将资金一下全部投出，一旦被套牢就会陷入危机，倘若分时间段买进或卖出，资金的灵活性较高，一旦某个时间下注的资金被套牢，我们还可以通过卖出其他时间段的资金来解套。

3. 到期日期应该分散化

倘若所投的大部分或所有债券的到期日期都定在某一天或是同一段时间里，由于同期债券价格经常会发生连锁反应，所以很可能会导致理财者的利益受损。所以，债券到期日的分散化也是十分重要的。要解决到期日期集中的问题有两种办法：一是债券期限短期化，把资金分散到一些短期债券上；二是债券期限实现梯形化，将资金分成几部分，分别投在短期、中期和长期债券上。

4. 理财行业或部门应该分散化

一般来说同一行业或是同一部门往往会"一荣俱荣，一损俱损"，将资金分配在不同的行业或部门，可以有效分散风险。举一个例子，2000 年科技泡沫危机的时候，那些将资金全部用来购买高科技企业债券的理财者大都损失惨重，而"股神"巴菲特却没有，他所投的行业分布广泛，不仅没有任何损失，而且还盈利了一大笔。

5. 理财企业应该分散化

不同的行业效益各有不同，同一行业中的不同企业之间效益也是不一样的。所以，在购买企业债券的时候，要搭配选择安全性较高但收益较低的大企业债券和收益较高但安全性较低的小企业债券，这样组合理财，才能实现中间战略。

6. 理财国家分散化

在国际债券市场上，每个国家或地区的经济、政治以及自然灾害等方面的风险是很难预测的，因此在购买外国债券的时候，最佳方法是将资金分散于不同的国家或地区，以降低风险。

生活理财笔记

哈佛出身的世界前首富比尔·盖茨在进行债券理财时就十分注重分散化策略，他购买不同种类、不同行业、不同企业、不同国家的多种债券，在规避风险的同时也相对增加了收益。对于个人理财者来说，在债券理财领域也一定要注重分散理财策略。要知道，分散风险就是确保收益！

可转换债券的理财组合

一个成功的理财者在追求高额理财回报的同时，往往也非常善于控制风险。因为回报与风险是直接影响理财效益的主要因素。而可转换债券则可以被当作一种特殊的控制理财风险的工具。

什么是可转换债券呢？可转换债券其实就是债券的一种，区别于一般债权的是它可以转换为股票，而且它的票面利率一般都比较低。可转化债券具有以下几个特点：

（1）与普通股票相比，可转换债券的风险低，收益率较高。历史数据显示，可转换债券的涨幅是普通股票的2/3，跌幅是普通股票的1/3。这主要是因为债券的利息偿付以及规定收益本金，能够弥补股市下跌造成的损失，但并不会影响股票上涨的趋势。

此外，由于可转换债券的利息往往比普通股票高，所以它的收益率也更高。

（2）无论何时都可以买进可转换债券。可转换债券不仅具有防御性，还具有进攻性。也就是说，当股票上涨时，可转换债券的价格也随之上涨，当股票下跌时，可转换债券又像普通债券一样保值，因此，无论是牛市还是熊市，买入可转换债券都是一个相对稳妥的理财方式。

（3）可转换债券在资产配置中具有多种功能。可转换债券作为固定收益组合中的一项，既能够为理财者赢得不错的收益，也能够多样化理财组合，降低整个理财组合的风险。

（4）作为股票的替代品，可转换债券不仅能够保证与普通股票不相上下的收益，而且能够避免理财者的利益受到利率波动的影响。

了解了可转换债券的特点，下面我们一起来看一下理财可转换债券时应注意的事项：

首先，可转换债券在组合理财中表现更好。

其次，可转换债券的风险性，不只表现在信用等级上，还表现在股票的潜在价值以及其他理财组合中的特殊风险等方面。

再次，可转换债券虽然同时具有股票和债券的优势，但是它的票面利率较低，所以它的收益往往是这两者的折中值。

最后，最好聘请专业人士管理可转换债券。管理可转换债券需要大量的时间和足够的专业知识，不适合非专业个人自己管理。

总而言之，可转换债券是一种不错的理财工具；它兼具股票和债券的优势，是普通理财者的一个不错选择！

生活理财笔记

理财可转换债券可以有效降低理财组合的风险，从而保证理财者的收益不受损害。对于普通理财者来说，了解可转换债券的特征和理财注意事项，有利于选择合适的可转换债券，做出合理的理财决策。

债券理财组合的管理策略

戴尔·乔根森，美国著名经济学家，哈佛大学教授，1971 年获得克拉克经济学奖，是发展经济学派新古典学派的主要代表人物。

乔根森认为，债券的理财应该实现多元化，通过科学的组合和管理使理财者获得更大的利益。那么，什么是债券理财的组合管理？如何进行债券理财的组合呢？

所谓债券理财的组合管理，其实就是管理债券的一种方式，通常来说，债券组合管理包括消极管理和积极管理两部分。

1. 消极管理

消极管理策略是指债券组合管理者放弃找寻交易的可能性，试图以静制动的一种策略。这个策略实现的前提条件是理财者所面对的债券市场属于半强型有效市场。

具体策略如下：

（1）免疫策略。管理人采用债券理财的期限与债券的存续期限相同的证券组合，从而规避利率变动对债券价值的影响，以确保理财者的利益不受损失。

（2）现金流搭配策略。这是一种特别的免疫策略。债券组合的管理人要专门建立一个现金流，以支付所有到期的负债。

（3）指数化策略。管理人按照某一个债券指数进行债券组合。这一策略与基金指数化的原理相同。

2. 积极管理

积极管理策略是指积极参与证券组合的交易，以期获得额外收益的策略。这种策略实现的前提条件是管理人首先要大致预测未来的利率升降趋势，其次选择合适的债券和进入债券市场的适当时机，或者识别出定价错误的债券。

具体策略如下：

（1）应变免疫。管理人采用积极管理策略免疫证券组合，以使理财者可以得到安全净收益（即最小目标利率）。倘若债券组合的收益下降到只剩下安全净收益时，管理人就需要免疫该债券组合，并且将安全净收益作为锁定目标。免疫收益和安全净收益之间的差额被称为安全缓冲。

（2）横向水平分析。采用复收益手段评估从某个横向水平上衡量理财的业绩。理财收益主要包括息票收入、利息产生的利息以及资本盈余。资本盈余主要包括时间效应与收益变化效应。

（3）债券换值。管理人通过识别债券市场中的债券是否定错了价，然后买进和抛出相同数量的相似债券，最终实现增加债券的组合收益的目的。

了解了债券理财组合管理的具体策略，理财者是不是就能放心地进行理财了？答案是否定的。

理财者还需正确选择适合自己的管理策略。那么，理财者应该如何选择适合自己的债券理财组合管理策略呢？关于这个问题的答案，可以归纳为以下几点：

第一，通过研究市场的有效来判断市场的效率，倘若理财者判定市场效率比较强，那么就可以采用债券指数化的策略。

在理财者不需要为将来建立现金流的时候，就可以根据自身能够理财的产品范畴以及其他要求确定一个参照的指数（包括信用风险的控制、变现性、灵活性以及理财期限等），或者完全依据自身的具体情况建立一个特殊的指数，然后根据指数化策略进行债券的组合管理。与此同时，对债券组合进行实时监控，定时观察信用风险以及误差等的变化，根据这些变化及时调整自己的理财组合，比如加强指数化理财的策略，以实现增加收益的目的。

第二，在理财者需要为将来建立一个现金流的时候，可以采用免疫以及现金流搭配的策略。在实行这个策略之前，要观察市场的流通性，这主要是由于流通性是成功实施免疫策略的保证。那些变现性和灵活性较差的债券，则需要补偿一定的收益。当市场收益率曲线发生异常（非平行变化）变化之时，理财者就要适当调整债券组合，以匹配现金流的需求。

此外，在运用现金流搭配策略的时候，理财者需要付出较大的成本，而且组合中的债券需要种类丰富且期限结构完整。

第三，倘若理财者判定市场效率较低，且不需要建立未来现金流的时候，那么理财者就应该采用积极的理财策略。比如，理财者可以根据市场间的差价实施套利，也可以在风险相对稳定的时候采用债券替换的策略增加收益。

总之，理财者在面对多样的债券理财组合管理策略时，要根据自身的具体情况和市场的实际情况来具体决定选择哪一种策略。

生活理财笔记

哈佛大学经济学教授戴尔·乔根森认为，债券理财应该实行组合管理的策略，这主要是因为这一策略能够分散风险、增加收益。对于一般理财者来说，具体如何管理自己的债券理财组合，要具体情况具体分析。

第七章

期货理财：理财者的华丽大冒险

和股票一样，期货理财也能够为理财者带来很高的收益。不过理财者需要注意的是，炒期货需要占用较多的资金、时间和精力，而且具有很大风险，因此，理财者在进入期货市场之前一定要慎重考虑。当然，如果有足够多的闲钱，考虑好了要进入期货市场博一把，那么在开始这次华丽大冒险之前，最好掌握一些期货知识和理财技巧。

本章主要从期货的概念、套利理财、风险控制以及理财策略几个方面来阐述，这些都是期货理财者不可不知的常识。

什么是期货

期货市场的发源地在美国。1848年，82位美国商人联合组建了芝加哥期货交易所，他们最初的目的是改善货物运输和储藏条件，为交易所的会员提供信息，这就是最早的现代期货交易；1865年，交易所正式推出首张标准化合同，并开始实行保证金制度；1882年，交易所同意了通过对冲的方式免除履约责任，这一举措大大增加了期货交易的流动性。

国际期货市场最早的交易品种为商品期货。20世纪70年代，期货交易的品种、机构出现了突破性的变化，金融期货开始进入期货市场且发展迅猛，与此同时，期权交易出现且迅速发展。1982年，美国长期国债期货期权合同的上市，期货市场再次发生变革。现在，国际期货市场上，商品期货依然是非常重要的一部分，金融期权发展迅猛有后来居上之势，期货、期权是方兴未艾。

期货是相对于现货而言的，期货是指买卖双方现在进行交易，但是将来才进行标的物的交收。这个标的物可以是商品，也可以是金融工具或指标；交货的日期可以定在一周之后，也可以定在一年之后。

期货理财具有暴利性，这是很多相对激进的理财者热衷期货理财的一个主要原因。有人将期货理财称为投机业务，由此可见期货理财能给理财者带来的是怎样的收益和怎样的风险。看涨买入，看跌卖出，预测正确与否，市场会给出答案，预测正确者获得收益，反之则亏损。

面对期货所带来的收益，很多人都为之心动，但是在行动之前，一定先弄明白到底什么是期货理财。那么，什么是期货理财呢?

期货理财是在"一手交钱，一手交货"的现货交易上发展起来的一种交易方式。与现货交易不同的是，期货理财是通过交易购买明文规定了将来在某一特定时间、特定地点进行一定质量标的买卖的标准化合约而进行的一种有组织的交易方式，需要理财者出具一定数量的保证金。在期货合约中，对买卖标的的商品质量、规格、交货的时间、地点等都做了统一而明确的规定，但价格却是一个变量，因此理财者便可以通过价格差在短期内获取收益。

期货主要分为商品期货和金融期货两种：商品期货主要包括农产品期货、金属商品期货和能源商品期货等；而金融期货主要有股指期货（如英国 FTSE 指数期货、德国 DAX 指数期货、东京日经平均指数期货和沪深 300 指数期货等）、利率期货和外汇期货等。在这里，需要理财者注意的是，直到 2010 年 4 月 16 日，我国才推出了第一只股指期货——沪深 300 指数期货，也就是说，股指期货在我国刚刚起步，具有很大的发展空间。

了解了期货的概念，理财者还应该知道期货的主要特点。

一般来说，期货理财主要具有以下特点：

（1）期货没有熊市。与股市不同，期货市场的交易是双向的，理财者可以自由地买空或卖空，价格上涨时，可以低买高卖，下跌时，可以高卖低补。无论是做多还是做空，都可以赚钱。

（2）期货交易费用低。与股市高昂的手续费相比，期货交易的手续费非常低。购买期货，不仅不用缴纳印花税等税费，而且其交易所的手续费通常也低至万分之二、万分之三，即使加上经纪公司的附加费用，单边手续费也不足交易额的千分之一。

（3）期货交易的杠杆作用：财务杠杆是期货理财的魅力所在。在期货交易中，理财者只需要支付一部分保证金就可以推动交易进行，而这正是期货交易能够获得股票交易的数倍利润的原因所在。

（4）"T+0"交易方式使理财更加安全：与股票"T+1"的交易方式不同，理财者只要认为价格合适，可以随时交易、随时平仓，不必像股票交易一样受时间限制，方便理财者将资金应用到极致。

（5）期货是零和市场：期货市场本身并不能创造利润，再加上有一定的交易费用，因此属于零和市场，在这样的市场中，某一理财者的盈利来自另一理财者的亏损。也就是说，要想在期货理财中获利，必须比其他期货理财者更加准确地判断市场，因此期货理财更加需要操作技巧。

总的来说，期货理财可以带来巨大收益，但同样也伴随着巨大风险。其风险往往比炒股还要大。因此，期货交易更适合那些相对激进的理财者；对于保守理财者和家庭理财来说，期货交易风险过大，不宜涉足。

生活理财笔记

我国的期货市场起步较晚，这也就意味着其发展空间还很大，能够为理财者提供的机会也更多。但与此同时，由于发展时间还很短，也导致了规范期货市场的制度还不够完善，期货交易品种还不够丰富，亟待更多的创新。目前，我国期货市场正处在繁荣时期，其最大的缺陷是以散户为主导的结构，因此，对于普通理财者来说，虽然期货理财回报率很高，但是风险性很大，投入需谨慎。

期货套利理财

在了解了期货的概念和特点之后，如果依然决定进入期货市场，那么想必一定是铆足了劲儿奔着期货的高收益率去的。但是，要想在期货市场游刃有余，需要学习和了解的期货知识还很多，比如期货的理财方式、如何理财期货才能更轻松地赚到钱……下面介绍一种常用的期货理财方式——期货套利理财。

就像一种商品的现货价格经常和期货价格之间存在差价一

样，同一种商品在不同的交割时间的合约价格之间也存在差价，同一种商品在不同的期货交易所的交易价格之间也存在差价。这些差价的存在衍生了期货市场的套利交易。

所谓期货套利是指理财者利用不同市场、不同时间、不同商品之间的价差变化，同时买进或抛出不同种类的期货合约，从而获利的交易行为。以期货市场和现货市场之间的差价获得利润的交易，叫作期现套利。以期货市场上不同合约之间的差价获得利润的交易，叫作价差交易。

举一个案例来说明：

投资方——上海某代理铜产品进出口贸易公司。2000 年 4 月 17 日，该公司在伦敦金属交易所（LME）以 1650 元的价格买进 1000 吨 6 月的合约，第二天在上海期货交易所（SHFE）以 1750 元的价格抛出 1000 吨 7 月的合约，当时 SCFc3（沪三月期铜）－MCU3（伦敦三月期铜）×10.032 ＝ 947；5 月 11 日，该公司在伦敦金属交易所（LME）以 1785 元的价格卖出平仓，5 月 12 日，该公司在上海期货交易所（SHFE）以 1820 元的价格买入平仓，当时 SCFc3－MCU3×10.032 ＝ 293。这个过程总共用时 1 个月，具体盈亏明细如下：

保证金利息费用总计：$5.7\% \times 1/12 \times 1650 \times 5\% \times 8.28 + 5\% \times 1/12 \times 17500 \times 5\% = 3 + 4 = 7$ 元

交易手续费总计：$(1650 + 1785) \times 1/16\% \times 8.28 + (17500 + 18200) \times 6/10000 = 18 + 21 = 39$ 元

费用总计：$39 + 7 = 46$ 元

每吨电解铜盈亏总计:(1785 − 1650)×8.28 + (17500 − 18200) − 46 = 401元

总盈亏总计:401×1000 = 40.1(万元)

这个案例属于典型的价差交易,利用伦敦金属交易所和上海期货交易所的差价获利。

在了解了期货套利的概念之后,下面为理财者介绍几种期货套利常用的方法。

1. 跨交割月份套利(跨月套利)

理财者可以利用同一市场内的同一种商品在不同交割期所具有的不同价格来套利。在买进某一交割月份期货合约的同时卖出另一交割月份的同类期货合约,通过价格差来谋取利润。其实质就是,利用同质合约的不同交割月份之间的差价相对变动来获利。这是期货理财最为常用的一种套利方法。

例如,你注意到8月的小麦和10月的小麦价格差超出了正常的交割、储存费,那么你就可以买入8月的小麦合约而卖出10月的小麦合约。一段时间以后,10月的小麦合约与8月小麦合约的价格差会逐渐缩小,而这时,你就能从价格差的变动中获得一笔收益。

值得注意的是,商品绝对价格并不能影响跨月套利的结果,跨月套利只和不同交割期之间价差变化趋势有关。

2. 跨市场套利(跨市套利)

所谓跨市套利是指理财者通过在不同交易所之间的期货合约买卖谋取利润的交易行为。两个或更多的交易所可能会推出同一期货商品合约，但是由于区域间的地理差别，合约价格往往会有差异，这样一来，理财者就可以利用同一商品在不同交易所的期货价格差，采用在两个交易所同时买进和卖出期货合约的方式来获得收益。

当然，并不是说只要价格存在差异就可以跨市套利，这还要考虑到将商品从一个交易所的交割仓库运送到另一交易所的交割仓库的费用。也就是说，只有当两个交易所的价格差大于其商品的交割费、运输成本等支出的时候，理财者才拥有跨市套利的机会。也就是说，在做跨市套利时应注意影响各市场价格差的几个因素，如运费、关税、汇率等。

但值得一提的是，你的这种跨市套利行为必定会让两个交易所的期货价格逐步趋同。

比如，芝加哥交易所的面粉的销售价格很高，而堪萨斯城交易所的面粉销售价格很低，即使加上了运输费用和交割成本也要比芝加哥交易所的面粉价格低，那么就可以抓住这个机会来进行跨市套利。

3. 跨商品套利

跨商品套利，顾名思义就是，利用两种不同的、但是相互关联的商品之间的期货价格差谋取利润，理财者在买进（卖出）某一交割月份某一商品的期货合约的同时卖出（买入）另一种相同交割月份、相关商品的期货合约，从而实现收益。

此外，要想实现跨商品套利必须具备以下三个条件：一是两种商品之间应具有关联性与相互替代性，二是交易受同一因素制约，三是买进或卖出的期货合约的交割月份应该相同。至于这里说的商品之间要具有关联性，主要是指其价格差异受到这种关系的限制，其价格变化趋势应该相同。

比如，在市场上，面粉和大米具有一定的相互替代性，当大米贵时，人们可以吃面粉制品，而面粉贵时，人们可以吃大米；再比如，芝麻和香油、麻酱之间的关联是原材料商品和制成品的关系；大米和面粉、芝麻和香油、芝麻和麻酱都是能够跨商品套利的。

理财者要想实现跨商品套利，关键是要了解两种商品之间的关系的历史和特性。

比如，芝麻价格上升（或下降），香油的价格必然上升（或下降），因为二者之间是原材料和制成品的关系。如果你预测香油价格的上升幅度小于芝麻价格的上升幅度（或下降幅度大于芝麻价格下降幅度），则你可以先在交易所买进芝麻的同时，卖出香油，待机平仓时获利。反之，如果香油价格的上升幅度大于芝麻价格的上升幅度（或香油下降幅度小于芝麻价格下降幅度），则你应在卖出芝麻的同时，买进香油，待机平仓获利。

但是，正如所有的理财活动都有风险一样，期货套利也具有风险，诸如政策、市场、交易、资金等方面都存在风险。

因此，理财者在进行期货套利理财的时候，还要注意避开以下几种"套利陷阱"：

（1）绝对不要做跨年度的期货套利理财。

（2）应避开受非短期因素影响的正向套利理财。

（3）逼仓中套利风险增大。

（4）绝对不要做流动性差的合约。

（5）注意资金的基于成本与借入成本。

综上所述，期货套利理财是一种收益和风险都较高的理财方式，因此，理财者在进行理财之前，一定要掌握期货套利理财的基本方法和注意事项，首先要做的是规避风险，其次才是增加收益。只有掌握了这个首要原则，才能在套利理财中占据有利位置。

生活理财笔记

在期货理财中，期货套利的方法是一种相对惬意的期货理财方式。期货做空由于保证金放大，因此资金的波动也较大，需要时时盯住大盘，非常辛苦；而期货套利非常简单，建仓完成之后，理财者不必时刻观察大盘的变化，只需要耐心等待。如果上班族想要进入期货市场的话，那么操作相对简单，时间和精力占用较小的期货套利理财是一个不错的选择。

期货理财风险的控制

斯坦利·克罗——美国知名期货理财大师，1960 年到华尔街工作。斯坦利在华尔街的33年，始终专注于商品期货交易，从而积累了大量期货理财的经验。

20世纪70年代初，他仅用1.8万美元进行商品期货理财就获得了高达100万美元的利润。

20世纪90年代初，斯坦利·克罗带着自己在期货市场赚到的几百万美元离开了金融市场，开始环球旅行，享受生活。

斯坦利·克罗专心研究理财理论，先后出版了5本经济方面的书籍，其中的《克罗谈投资策略》备受全球期货理财者的喜爱。

斯坦利·克罗在期货理财方面的某些见解非常值得我们借鉴。

斯坦利·克罗认为，自己期货理财成功的首要经验首先是树立风险意识，控制与约束风险。他曾经说过："身处期货市场就好比身处非洲原始森林，生存是首先要考虑的问题。一旦发现对期货趋势的判断出现问题，就必须马上砍仓出场。进行期货理财的人们必须始终谨记一点：市场没有错的时候！"

斯坦利·克罗相信墨菲法则，即如果事情可能会变坏，那么不管这种可能性多小，它都一定会发生。换言之，期货理财存在风险，这种风险不论多小，它都可能会发生，理财者必须谨慎防范。克罗最广为人知的一句话是："理财者只有随时想着损失，才能够更好地保护利润。"克罗控制风险的主要方法是技术方式，即设置止损。

期货理财所具有的超乎寻常的风险主要是来自保证金制度，

这种制度在放大利润空间的同时也放大了风险。例如，在股市中，1吨玉米算1股，每吨1500元，而玛丽共有10万元闲钱，如果拿出6万元做理财，可拥有40股。倘若市场不景气，每吨玉米价格下跌195元，那么玛丽也只会亏损195×40=7800元。而如果是理财期货则不同，1吨玉米1500元，如果需要缴纳8%的保证金，那么玛丽只需要120元就可购得1吨玉米。倘若你拿出10万元作保证金，先期实际投入5万元，大约可购入400吨玉米，相当于40手（1手以10吨计算）。如果玉米每吨价格下跌20元，那么你将损失8000元。如果每吨玉米价格下跌195元，那么你将损失78000元。由此可见，期货理财如果失败的话，亏损会多么惊人。

此外，来自期货公司或期货营业部的风险，理财者也应加以重视。比如，某些公司或营业部为了提高自己的交易收入，往往会口头承诺给个别自由经纪人高额佣金，而这些经纪人为了自己的佣金往往会进行恶性炒作，这就会影响理财者们对市场的判断，让理财更具风险。

正如克罗所说的，实际上期货理财的风险是相当大的，有些人把期货理财叫作期货投机，从这一点就可以看出它的风险有多大了。在期货市场中，无论你是买进还是卖出，都有可能亏损；而且由于财务杠杆的存在，其亏损有可能超出你所投入的资金数倍，可能爆仓。但是这也并不是让人们远离期货市场，只是提醒人们在追求高收益的同时，还要注意规避风险。

通常情况下，在期货理财中常用而有效的风险控制技巧主要有以下四个，这是需要你掌握的。

1. 入市前设置止损，及时止损

克罗认为止损是控制风险最有效的技术手段，只要将损失降到最低点，就等于增加了盈利。在股票理财中，即使股票一跌再跌，许多人也会顽固死守，他们不相信管理层会坐视股票市场长期低迷，因此他们相信股票总有再升起来的时候。但期货理财采用保证金交易的方式，盈亏都会被杠杆作用放大，如果顽固到底的话，实际的亏损很可能超出人们所投入的资金。

因此，根据自己资金的多少、心理承受能力的高低、所交易期货的波幅大小来设定合理的止损位，及时止损，是将期货理财的风险控制在可承受范围内的关键。

及时止损可以让人们保存资金实力，避免被釜底抽薪。但及时止损是一件说起来容易却不容易做到的事。有人会有赌博心态，妄想在下一刻情势会出现逆转；有人舍不得沉没成本，有的人优柔寡断……这些原因都会导致人们无法及时止损，从而蒙受更多的损失。因此，人们一定要以此为鉴，一旦达到止损点，就立即斩仓出局，而不要等待。

2. 趋势判断

所谓趋势判断就是指，要遵循均线系统的趋势。显然，这是一个容易理解、容易判断的工作。但在实际操作中，人们却难以坚持它。许多人都能够看清趋势，却超短线操作，结果在趋势走完后，自己不仅没有获得利润，而且付出了不少手续费，甚至出现较大的亏损。

要想避免这种结果，唯一的方法是对趋势判断确认后，制订科学的理财方案。在理财方案中，建仓过程、建仓比例，可能遇到的亏损幅度，应该怎样应对等内容都要涵盖。一旦进入市场，人们就必须严格执行理财方案，除非实际发展情况与理财方案中的预期相悖，否则就不要改变计划。

在方案执行过程中，如果趋势系统没有发出拐点信号就不要轻易平仓，要给自己的持仓充分地拓展利润空间。要知道，期货理财虽然适于短线操作，但是过短却不可取。

3. 资金管理

资金管理对期货理财结果的作用是非常重要的。特别是对于中小理财者来说，投入交易的资金上限最好设定在保证金的50%为宜。日内交易，你应快进快出地进行操作，短线的话最多持仓几天，中线最多持仓几周就一定要出手，而这种情况下，你投入资金的上限最好设定在保证金的30%。

在资金管理的具体实践过程中，人们应该根据所理财品种历史走势中逆向波动的最大幅度、各种调整幅度出现的概率，以及自己后续资金的跟进能力来合理设置仓位。

比如，倘若期货公司收取的保证金为10%，历史数据显示，在一波上涨行情中，某期货品种逆向波动的最大幅度为4%，那么，在允许风险率始终大于100%的情况下，允许的最大建仓比例为71.43%，而资金的最大亏损率为28.57%；当然，如果你认为自己对风险承担的能力强，将允许风险率下降到80%的话，那么合理的最大建仓比例为83.33%，而资金的最大亏损率也会升高到 33.34%。

这里的持仓比例和最大亏损率都是通过专业计算而获得的，根据不同理财者的资金实力和风险偏好、承受能力以及统计上的最大反向波动率，可以计算得出不同的持仓比例，按照这个比例持仓，保证资金持有的仓位通常能够坚持到行情结束，发出扭转信号为止。

当然，关于这个数据，理财者可以向期货理财经纪人寻求专业帮助，但一旦获得数据以后，就要严格地按照它进行资金管理，千万不要逾越，否则风险一旦发生，其后果往往是自己无法承受的。要知道，期货市场中的亏损不发生则已，一旦发生就是巨额的。

4. 分散理财，分散风险

和其他证券理财主张横向分散理财不同，期货理财注重纵向分散理财。所谓纵向分散理财指的是找到少数几个有潜力的合约，然后按照顺序分批建仓；而横向分散理财则指的是同时投入多个不同的证券，从而达到分散的目的。不过期货分散理财的原理也是为了分散风险。

简言之，期货理财的风险性是非常大的，每个理财者都应该重视这一点。理财者要想制胜期货市场，就要树立充分的风险意识，掌握必备的规避风险的技巧，对可能发生的最大损失做好准备，切记抱着赌博的心理进行理财，否则很可能倾家荡产。

如何进行期货理财
——复制理查德·丹尼斯的期货理财策略

理查德·丹尼斯——美国著名理财大师，也是美国期货市场上的一位传奇人物。他曾用400美元进行期货理财，并最终将这400美元奇迹般地"变"成了2亿多美元！与此同时，他还成功培训了十几个优秀的期货交易员，使他们成为美国期货市场的一支优秀的生力军。

理查德·丹尼斯没有出生在金融世家，也不是个天生的期货理财好手，他所有的期货知识和理财经验都是从期货市场上学来的，都是从实践中总结出来的。19岁时他开始从事期货交易，美国的证券法规定，只有年满21岁的成人才能进入期货交易所，因此前两年都是他爸爸帮他在交易所里叫价，而他则守在外面负责指挥。他并没有首战告捷，前两年赔了 2000 多美元。21 岁之后，丹尼斯开始自己进行期货理财，然而依然是以赔钱为主。

1970 年，他向亲戚朋友们一共借来 1600 美元，用其中的 1200 美元为自己买了"美中交易所"的会员席位，剩下的 400 美元就成了他的启动资金，由于正确预判了市场趋势，他的 400 美元很快疯长至 3000 美元。原本这一年他应该上大学，但是因为热爱期货理财，他只在学校里待了一周就退学回到了期货市场。当然，他也并不是只赚不赔，有一次由于买进了一张烂合约赔了 300 美元，这让他情绪特别不好，于是他很快转方向又买进了一单，又赔了几百美元，他不服气，便接着买，就这样，他一下子赔掉了超过 1/3 的本金。这些教训让他懂得了一个道理：因赔钱而情绪不好的时候，必须立即斩仓出场，避免因为坏情绪的影响而做更多的错误决策。

起初，做了赔钱单子之后，丹尼斯就会产生抵触情绪，从而不想再研究期货市场，而很多好单子就是在这个时候错失的。多次错失赚钱的良机之后，丹尼斯总结了这样两点经验：一是抓住有利时机赚钱，才有犯错误赔钱的本钱；二是要懂得找寻最好的做单时机。

1973 年大豆期货行情大涨，大豆价格超过了 4 美元。很多人以史为鉴，在历史上大豆的最高价位 4.1 美元的时候大量卖出，而丹尼斯则根据追随趋势原则大量买进，结果大豆价格连续十天涨停，5 个月内涨到了 12.97 美元，丹尼斯赚得盆钵满溢，并为自己攒够了到芝加哥商品期货交易所的本钱，没几年，他的400美元本钱便"变"成了2个多亿。

理查德·丹尼斯的成功经验在于在实践中不断总结，及时反省自己，调整理财战略。因此，他的期货理财理论要比其他理财大师的理财理论更值得理财者学习和模仿。很多理财者赚了钱就非常高兴，赔了钱就心情不好，实际上，理财赔与赚都是很正常的事情，一时赔了没关系，关键是要用心思考赚钱和赔钱的原因，总结经验教训，好的方面要坚持，坏的习惯要改掉。

那么，一般理财者应该如何进行期货理财呢？让我们来一起看看理查德·丹尼斯的期货理财策略吧！

1. 坚持追随趋势交易原则

通常人们认为的"逢高卖，逢低买"的理论是错误的，此外，抄底和摸顶都具有非常大的风险。理查德·丹尼斯表示，个人只能判断市场可能的走势，但是走势的具体情况是市场自己说了算的。理查德·丹尼斯曾经亲身试验了摸顶和抄底。

1974年，他试图在糖交易中摸顶，很快，他在60美分／磅的价格卖空糖，但是11月时，糖的价格最高升到了66美分／磅，随后一路下跌至13美分／磅。他又在10美分／磅左右的价格抄底，但是屡抄屡败，结果他摸顶挣得钱在抄底时全赔光了，还折了一部分本金。

因此，做单的时候必须追随趋势，趋势表现得越强，越可能赚钱。理查德·丹尼斯在期货交易所现场从事交易员工作的时候，基本都是靠追随市场趋势赚钱。很多理财者挣了一点小利润就赶紧退场，就算在市场涨停板时也赶紧带着眼前的利润退场，生怕赚到手的钱又赔进去，每当这时候，丹尼斯就会买进那些匆忙"逃跑"的理财者的单，第二天总是获利颇丰。

2. 依靠技术分析市场行情

理查德·丹尼斯主要依靠技术分析期货市场行情，再加上自己多年积累的交易经验，以跟着市场走为大原则。丹尼斯和他的合伙人威廉·厄克哈德博士共同设计了一套智能电脑程序自动交易系统，不过他也并不绝对相信这个系统，每当电脑程序自动交易系统和他的入市灵感相悖之时，他就会暂时出场，不做任何交易。

3. 拥有一种反市场的心理

在期货市场里，真理往往掌握在少数人的手里，因此，绝对不能追随大多数人的思维，在期货市场里赔钱的就是这些思维类似的大多数人。当所有的人都在谈论某一种期货的时候，那么这种期货的价格也涨到头了，这和股市类似。

期货市场心理指标显示，当80%的理财者看多时，就意味着市场快到到顶了，行情很快就会大跌，当80%的理财者看空时，就意味着市场快到底部了，行情很快就会大涨。不过对于普通理财者来说，要想准备把握市场心理并不容易。

4. 约束和控制风险

自从赔掉1/3本金那次失败的教训开始，理查德·丹尼斯就懂得了约束和控制。通常情况下，一张好单入场之后很快就会上涨，如果一张单入场后一两周还在下跌，那么这张单几乎可以认定为烂单，即使后来这张单上涨，弥补了之前的损失，但是时间耗费得太多，也说明这个决策是错误的。每次进单后都要想到最坏的可能性，往往你越是存在侥幸心理，坏事情越会发生，因此，要提前设置止损点，到了止损点要果断斩仓出场。

理查德·丹尼斯的成功经历告诉我们理财大师并不是天生的，就像丹尼斯自己的观点所言，一个普通的交易者完全可以通过有效的学习和训练走向成功，这跟天赋无关，主要的是交易需要把握的原则和策略，他成功培训出的那十几个优秀的交易员就可以说明一点。简言之，丹尼斯的期货理财策略和理念是可以复制的，也许你复制不了他的成功奇迹，但是至少可以保证你在期货市场生存和发展！

生活理财笔记

　　理查德·丹尼斯是期货市场的风云人物，他坚持跟着市场走，理性分析市场行情、注重风险控制以及反市场而行的原则和理念，这些从实践中总结出的宝贵经验是值得每一个理财者学习和研究的。

　　此外，他对待理财的平和心态也是让人敬佩的，赚钱的时候不过分欢喜，赔钱的时候不过度悲伤，这种面对现实的理智理财态度是期货理财者最应该学习的，因为情感波动对期货交易有百害而无一利。

第八章

保险理财：为你的财富上把"锁"

　　辛辛苦苦理财，就是想要实现财富的增长，但是比这更重要的就是为财富上把"锁"。人的一生变幻莫测，有许多意外是无法预测的，我们能做的就是防患于未然。当苦心经营的公司在金融危机中破产，当因意外而失去工作的能力，当不幸生了重病，当年老体衰无人奉养时……这时能依靠什么呢？答案就是保险。无论何时何地，只要购买了保险，它就会为我们提供一定保障。

　　如果不想因意外失去自己的财富和幸福生活，那么进行合理的保险理财是一个不错的选择。

什么是保险

何谓保险呢？保险，即保障人生的风险。人生风云变幻莫测，每个人从出生到死亡都会面临各种各样的风险，诸如疾病、意外、失业、财产被盗、老无所养，等等，而医疗保险、意外保险、失业保险、财产保险、养老保险等正是防范这些风险的最佳手段。实际上保险并不是现代社会的产物，在几千年前的人类社会早期就出现了保险。

史料记载，大约在五千多年前，有一个骆驼商队正带着货物横穿埃及沙漠。天气非常酷热，热辣辣的太阳仿佛要把所有生命都烤干一般，商人们正在就着一只粗糙的水壶补充水分，突然，天空暗了下来，龙卷风由远及近。眼看着龙卷风以惊人的速度袭来，商人们也顾不上他们压上了全部身家的骆驼和货物了，都各自迅速地逃命。很快，龙卷风过去了，原来的30只驮着货物的骆驼只剩下8只了，其余的已经不知道去了哪里。但令人惊奇的是，失去了货物，眼看着就要破产的商人们并不悲伤，他们表现得非常平静，就好像损失的货物和骆驼不是自己的一样。

原来，他们参加了一个商会，商会里的所有商人都签署了一个关于共同承担风险的互助共济办法：如果商人行商顺利，那么他们就从所获得的利润中交一部分给商会用作互助基金；如果商人遇到了诸如龙卷风这样的意外，损失了货物，商会就会从互助金中拿出一部分给那些遇到风险的商人，以弥补他们的损失，让他们仍然可以继续行商而不至于破产。这种互助共济法经过后人不断地完善后，最终被收入汉谟拉比法典中。这就是人类早期的保险。

其实，不仅是在古埃及，在几千年前的中国，保险的思想也已经深入人心。如春秋时期孔子所提出的"拼三余一"即保险思想的一种体现。孔子认为，在丰年将收获粮食的三分之一积储起来，那么连续积储三年就可以积储一年的粮食，即三余一，这样的话，即使遇到干旱或者涝灾也不必担心没有粮食吃了。

就这样，在人类与自然灾害、意外事故相抗衡的过程中形成了保险思想，并将其逐步完善成为一种抵御风险的理财工具。可以毫不夸张地说，保险是最古老的应对风险的方法，是几千年来人类智慧的结晶。

现代社会竞争激烈，人们的生存风险比先人有过之而无不及；为了减少生存的风险，保障人们的基本生活，购买保险就成了人们生活中必不可少的大事。

简言之，保险本身就是一种财富，购买保险是降低人生风险的有效策略，它能够在诸如人生意外、重大疾病等关键时刻为我们提供必要的帮助，让我们摆脱困境，更加安稳幸福地度过一生。

在现实生活中，保险的作用不仅体现在医疗领域，也体现在养老、人生意外等其他具有风险的领域，保险即保障人生的各种风险。由此可见，购买保险对每个人来说都非常重要，它是人生必不可少的理财之一。

保险理财不可不知的注意事项

肯尼思·约瑟夫·阿罗，美国著名经济学家，曾任美国经济学会会长。1940 年获得美国保险统计协会的保险统计三级证书，1968 年到哈佛大学任经济学教授，1972 年由于对总体经济均衡理论与福利理论的研究获诺贝尔经济学奖。

阿罗教授曾在《人为的经济危机》一文中谈论市场的缺陷时提到了保险，他说："市场系统是有缺陷的。有些事情我不确定，所以我也会挑战自己的不确定性。就以买保险为例，我之所以买保险是为了降低由于市场竞争或是人们的兴趣改变等事情对我造成的风险。可是保险本身在运作方面也存在着矛盾。从我们的角度来看，我们希望能够通过购买保险来抵抗未来的不确定性和风险，进而保障我们的生活。从保险业务本身来看，也存在这样一些极端个案：假如我买了保险，那么我可能会觉得有了保障而不像从前一样认真了，因为我知道就算是家里的房屋失火了，我也完全不用害怕，反正保险公司会赔偿的。"

但是实际上并非如此，保险公司是否赔偿你的房子并不是完全确定的，这取决于你为房子购买保险时所签订的协议。倘若里面有一条是对于房屋主人引起的火灾，保险公司不予赔付，而恰好你做饭的时候不小心使你的房子失了火，那么你不可能从保险公司那儿得到一分钱。阿罗教授的风险和不确定性理论正说明了这样一点，即购买保险也是有风险的。

购买保险能够帮助人们抵御人生风险，但是并不是所有的保险都是有效的，而只有有效的保险理财才具有这样的作用。那些无效的、不正确的保险理财，不仅不能抵御风险，而且会造成不必要的财产损失。保险理财并不像买菜那样简单，需要理财者的智慧才能具有效用。

比如，张先生刚买了一辆汽车，为了避免车被盗而发生财产损失的风险，因此他为自己的爱车购买了财产保险。张先生的宝马汽车价值 80 万元，他在甲保险公司支付了保险金购买了保险后，如果他的车被盗，那么他可以得到 80 万元的足额赔偿。为了得到更多的赔付，他又在乙保险公司购买了一份足额的车险。但实际上，如果他的汽车真的被盗的话，他是不可能得到 2 份 80 万元的赔偿的，因为财产险是补偿险，无论你花多少钱购买保险，事故发生，你得到的赔偿都不会超过你所投保的财产的价值。也就是说，如果张先生的宝马汽车被盗，这 80 万元由甲保险公司和乙保险公司共同赔付，而张先生之后在新华保险公司购买保险的钱实际上是没有任何意义的，相当于这些钱打了"水漂"。

所以说要想真正使你的保险抵御各种风险，在购买保险的过程中就需要谨慎。具体来说，可以归纳为以下几点。

1. 优先购买意外险、健康险

要知道，理财的第一步就是做好风险的转移，即保险保障，这是所有理财的根基。有了保险保障，才能够无后顾之忧地进行消费，享受生活，才能从容地理财以实现财富增值。如果在做好保险保障之前迫不及待地理财，只会让自己的理财成为空中楼阁，经不起风吹雨打。因此，在家庭保险规划上，你应该先上意外险、健康险，其次才是教育险、养老险、分红险等险种。人只有健康地活着，教育、养老才具有意义。

2. 置办房产前一定要先买保险

现在，房、车已经成为现代家庭生活的两大件。许多人将目光放在房和车上的时候，却忽视了保险。其实，在买房和买车前先购买保险才是科学的理财方式。

买车要买保险是人所共知的，因为车不上保险不能上路。同样的，不买保险就贷款买房也是一件很不科学、很危险的事。买房会使家庭的经济压力陡然上升，会使你在未来10年或者20年的时间里不能够间断收入，因为你要不间断地还贷。那么，当家庭成员因意外、疾病等风险而中断工作、中断收入时，是否还能保证自己能够不间断地还贷呢？要知道，一旦你无力继续还贷，房子就有可能被收回，这样，你和家人就会连住的地方都没有。为了避免这种情况的发生，在买房前买保险就是一个好方法。

3．即使风华正茂也需要人身险

不少人都有这样一种想法：年轻人身体好、风华正茂，需要什么保险啊？这简直就是浪费钱，等年纪大些再考虑也不迟。

但是，你是否看到这样一些事实呢：重大疾病已越来越年轻化，即使2岁的孩子也可能会得恶性肿瘤；空气污染、食品污染、环境污染提高了年轻人患重大疾病的概率；孩子从小就背负了压力，产生心理、生理病变的概率升高了；在某儿童医院有一幢楼住满了患有白血病、恶性肿瘤等重大疾病的孩子……由此可见，即使是孩子和年轻人，也需要考虑购买健康保险。

4．保险理财也要讲技巧

上面三点是理财者在保险理财时经常忽略的，也是比较重要的。注意到上面所说的细节，同时还要讲究技巧。技巧性地理财保险会使你的保险理财更加成功。具体来说，下面这些技巧很值得我们参考。

（1）买保险前先回答这样几个问题："现在以及将来一定时期内，能投入多少资金买保险""在不久的将来有哪些问题是亟待解决的""需要购买保险者承担怎样的责任""财务状况如何"。

（2）年收入在10万元以内，最好不要考虑分红险，应以解决基本保险问题为主，所谓基本保险问题是指健康险或意外险。

至于分红保险，等到家庭经济能力加强之后再做考虑也不迟。

（3）选择购买投连险和万能险时，一定要找专业的保险代理人。要知道，万能险保证收益且风险小；而投连险首先是保险，之后才是一种理财工具，千万不要本末倒置。

（4）35岁之前，不要涉及养老保险。养老的确是人生的大问题，但是在35岁前考虑有些过早；且35岁前，你还处于人生的积累资金阶段，应把重点放在收益上，不应因养老险而分散了收益性理财的资金，错失了收益。

（5）要充分了解保险责任和责任免除。险种不同，其保险责任和免除责任就不同，并且，即使是同险种，不同保险公司也有不同规定，因此你一定要看清条款里面哪些保险事故是保险公司一定要赔偿的，哪些保险事故是保险公司不赔或者限制责任的，以避免出现花了钱却没有买到自己想要的保障的情况。

（6）签单之前，务必看清合同细节。保险期限、保险费、保险金额和保险责任、保障程度以及确定适合自己的保险产品和保费缴纳方式等，都是在你签单前需要好好看清楚的合同细节。

总之，我们购买保险是为了让人生拥有充分的保障，是为了规避风险，为了没有后顾之忧，因此，在做保险理财这项略有风险的理财时，一定要努力做到尽善尽美，这样才能真正最大限度、最广范围地将人生风险最小化。

购买保险的一般原则

美国是一个"保险"的社会，保险在美国是必须做的事情，你唯一能够选择的就是在哪家买保险而已。美国的绝大多数高校都实行强制健康保险制度，哈佛大学也不例外。哈佛大学的学生健康保险计划分为两大部分：一部分是由哈佛大学健康医疗服务机构提供，是向所有哈佛在校生提供的一个校内医疗综合项目，所有全日制注册学生都必须缴纳必要的保险费用，无一例外，除非你想被学校开除；另一部分是由哈佛大学提供的健康基金，由马萨诸塞州蓝十字与蓝盾协会代为管理，它规定所有的哈佛学生自动参加该计划。

这主要是因为美国医疗费用非常昂贵，不要说是穷困的学生，就算是中产阶级家庭的学生，一旦得了严重的病，为了看病也会面临破产。哈佛大学实行强制健康保险正是基于这一点。在美国，保险的范围非常广，健康和医疗保险只是其中一种，人寿、房屋、车辆、责任保险等也是美国人必买的保险。哈佛大学还为哈佛人提供家庭保险，不过这个保险是可以自己选择的，人们可以根据自己的经济条件决定是否购买。

对于哈佛的留学生来说，保险费用很可能是除了房租之外的最大费用。但是这些保险确实为哈佛学生带来了诸多好处，因为每个人都不可能不生病。此外，条件允许的话，哈佛鼓励学生们购买其他种类的保险，这对于保障学生们的基本生活来说有很大的好处，比如很多美国的租房客也会买房屋保险，因为这个保险"无所不包"，哪怕有人在你家门口摔了一跤，保险公司也会支付赔偿费。

在现实生活中，与哈佛大学的强制健康保险不同，很多保险都是基于人们的自愿原则购买的。哈佛为学生选择了最合适的保险，学生们不必面临诸多保险的选择问题。但是对于普通人来说，如何选择保险却是一个大难题。那么，面对时下纷繁众多的保险，我们应该如何选择保险呢？

虽然保险越多越全面，人生的保障就越多，但是保险理财的费用也并不是一个小数目。对于普通人来说，以尽可能小的代价获得较全面的保障才是购买保险的最佳结果，而这就需要遵循以下这些基本原则：

（1）要量力而行。也就是说，对保险的投入资金必须与家庭的经济收入状况相符，正如哈佛对学生的建议一样，"在条件允许的情况下，购买其他种类的保险是有好处的"，言外之意就是，如果条件不允许，那就需要依实际情况而定。一般来说，专家推荐的保险支出最好是10%—30%的收支结余，这样才能确保你不会无力支付保险，也能够保证保险理财比率充足。

（2）要按需选择。在选择保险的时候，要根据家庭所面临的风险种类选择相应险种。例如，一个家庭的经济支柱是男主人，而男主人的工作危险程度较高，那么该家庭首先应该为男主人的生命和身体购买保险。而对于哈佛学子来说，"身体是革命的本钱"，因此健康医疗保险是优先考虑的，哈佛大学之所以强制学生购买健康保险也是基于此。

（3）要优先有序。在考虑先购买什么保险，后购买什么保险时，往往是优先考虑损害大、频率高的风险的保险；而考虑到保险都具有免赔额，低于免赔额的损失，保险公司是不会赔偿的，因此对于损失较小，自己家庭能承受得了的，一般不用投保。比如，房屋如果失火或是发生别的意外，就会损失严重，所以很多家庭都会为自己的住房投保；而很少人对普通家具、电器等东西投保，因为这些东西的损失较小，且损失经常在免赔额之下。

（4）要合理组合。将各种保险项目进行科学组合，并综合利用各种附加险，使保险的功用最大化。比如你购买了主险种，如果有需要，也可以购买其附加险，这样能够避免重复购买多项保险。举个例子，购买人寿险时附加意外伤害险，就不用再单独购买意外伤害险了；而且与单独的保险相比，附加险的保费明显较低，组合性地购买附加险，能够帮助你节省保费。

(5) 不要轻易退保。退保要谨慎，主要是基于以下原因考虑：其一，退保后没有保障；其二，即使退保，你也不能拿回所有的钱，这会使你蒙受不必要的经济损失；其三，一般来说，年龄越大，保费也越高，一旦以后你需要重新购买，会使你花更多的钱。此外，如果你需要用钱，不用退保同样可以解决问题。比如你可以持有效保单、通过书面申请向保险公司申请贷款；你还可以减额缴清保费，以减轻自己缴纳保险费的负担。

总之，购买保险必须根据自身情况，具体情况具体分析，切不可盲目跟风，最终造成不必要的损失。

生活理财笔记

哈佛大学之所以强制学生购买健康保险，一方面是因为美国的昂贵医疗费用，另一方面是哈佛基于购买保险的几个原则，为哈佛学生做出了最合理的选择，以免学生因为购买保险不当而造成不必要的损失，影响学业。由此可见，在买保险时坚持一些原则是必要的。

如何为自己准备保险

保险的重要性在本章第一节已经论述过。保险也是一种理财，既是一种金钱的理财，更是一种健康和人身安全的理财。为自己准备好保险，当人生的雨天来临时，我们才不会狼狈不堪，才会有地方躲避。那么，我们怎样为自己购买保险呢？就保险而言，没有最完美的方案，只有最适合自己的方案，所以我们在险种选择上要分清轻重缓急。

1．基本保险必须买

无论你现在多大年龄，收入多少，为自己买一份保险都是必需的。从赡养父母、成家立业等方面考虑，都应对潜在的风险加以防范。所以首先要考虑为自己购买较为便宜的意外险和定期寿险，一旦自己患上疾病或发生意外，可以减轻家人的经济负担。

对于有社会医疗保险的人群来说，生病住院的费用可以凭借实际发生的费用发票向社会医保报销一部分，而商业医疗住院保险金的领取也要依据发票才能取得，有时两者会有所冲突或者重叠。因此，要优先考虑医疗补贴型保险，而不是医疗费用类保险，以减少不必要的保费成本。对于没有"医保"的人群而言，只要去医院看病，不管是门诊、急诊还是住院，都是百分之百自费，没有人能分担。所以应该首先购买一些住院医疗费用型的保险，如果能加上门诊、急诊费用报销型保险，就更完备了。

意外，虽然是大家都不愿意看到，甚至不愿意想到的，但谁也不能保证天灾人祸不会发生在自己和家人的身上。如果你从事有一定风险的行业，如经常出差等，那么建议你买足额的意外伤害保险，保障额度在年收入的 5 倍以上为好。如果风险很小的话，购买意外险时保障额度可以选低些。意外，有时会导致医疗费用的产生，购买意外险时可以考虑搭配一些意外伤害医疗保险。

2. 根据自己的具体收入制订合适的保险规划

如果经济收入有限，不要因为缴纳保费而给自己带来太大的经济压力。在拥有意外和医疗保障后，你可以考虑将每月结余中的一部分用来购买集保障和理财于一身、具有分红能力的保险，为今后的资金应急做一些准备。现在，国内有许多家保险公司都有类似"健康天使""重大疾病"之类的通过每年交一定数额的保费，连续交 20 年，最后返还本金的返还型健康险种。这类保险，是以牺牲一些"利息"来获取一个保障的，比较适合年轻人购买。

此外，居民在购买保险时可享受三大税收优惠：一是保险赔款是赔偿个人遭受意外不幸的损失，不属于个人收入，是免缴个人所得税的。二是企业和个人按照国家或地方政府规定的比例，提取并向指定的金融机构缴付的住房公积金、医疗保险金，不计入个人当期的工资、奖金收入，免于缴纳个人所得税。三是按照国家或省级地方政府规定的比例，缴付的住房公积金、医疗保险金、基本养老保险金和失业保险基金存入银行个人账户所取得的利息收入，也免征个人所得税。因此，选择合理的保险计划，既可得到所需的保障，又可降低税收成本，是一项非常不错的理财计划。

3. 选择实力雄厚的保险公司

保险合同生效后具有法律效力，保险公司必须按合同规定兑现保险利益。从这点看，各保险公司之间没有太大的区别。当前市场上的保险公司很多，各家保险公司为了占据更多的市场份额，在服务、理赔等方面都尽量保证自己的特色。考虑这两方面的同时，还要注意分析保险公司的背景和实力，关注其盈利状况及发展前景。在正常的情况下，如果选择具有储蓄和理财性质的分红险及养老险，可以将合资保险公司作为购买首选。合资保险公司有可能借助境外母公司的成熟经验及良好的资金运作实力，为投保客户提供更丰厚的回报。

总之，在我国当前的国情下，对于任何人来说，花适量的钱为自己买一个可靠的保障，都是在追求财富的道路上应该做的安全措施，无论是对自己，还是对家人，都是一件具有积极意义的好事。保险是一项每个人都应该拥有的理财工具。

生活理财笔记

哈佛商学院管理实践学教授卡普莱认为，美国金融危机的本质是中下层阶级的人群收入太低，一旦雇主不为他们上医疗保险，他们就会面临没有医疗保险的困境，这在美国高昂的医疗费用现状下是难以想象的，他们很可能会没钱治病。

家庭保险规划的基本原则

在所有的理财工具中，保险虽然不是回报率最高的品种，但是保险具有其他理财手段没有的保障性功能。尤其是在目前我国的社会保障体系尚不完善的情况下，为了保障个人养老、医疗等方面的需求，理财者需要为自己的家庭购买一些基本的保险，为家庭将来可能发生的风险做必需的保障。那么，理财者应该如何规划自己的家庭保险呢？

以张先生一家的真实经历为案例：

张先生是一家国有企业的部门经理，今年35岁，他的妻子小静是一名中学老师，今年30岁，家里有一个5岁孩子，家庭收入比较稳定。

但是随着生活开支的不断增加，张先生和妻子对未来可能要支付的昂贵医疗费用表示担忧，与此同时，孩子的教育费用不断上涨也让两个人有些发愁。

为了解决这些问题，张先生想到了购买保险，一是为了保障以后的医疗费用，二是为孩子储备一些教育基金。

保险理财师为张先生提出了几个建议：

首先，最大的保险理财应该投在张先生和妻子身上，保单上至少应该包括意外、医疗、重大疾病、寿险保障这几大险种。比如可以购买包含重大疾病的保障型险种，然后在此基础上附加医疗保险和意外保险。

其次，在为大人做好充足的保障之后，可以适当为孩子购买一些储蓄型或分红型险种，这些保险的收益可以给孩子做教育基金。此外，建议在购买主险的同时购买豁免保费附加险，以防止家长在缴纳保费期间由于某些原因无力承担保费，一旦大人意外过世或致残，保险公司可以免除之后的费用，孩子照样可以得到收益。

最后，每年孩子的保费不应超过家长的保费，倘若不能兼顾，则应该家长优先。此外，需要注意的是，家庭总保费最多占家庭总收入的 10%—20%。

家庭购买保险是一种未雨绸缪的手段，制订一个合理的家庭保险规划可以有效防范风险，保障家庭生活的安定和幸福。理财师对张先生一家的保险规划建议符合家庭保险购买的基本原则。下面我们一起来看一下家庭保险规划应该坚持的几项基本原则，以及坚持这些原则的原因。

1. 先父母，后子女

只给子女买保险是很多中国家庭购买保险时出现的最大误区，实际上父母才是子女最有力的保障。家庭保险规划的首要原则是，先给家庭的主要经济支柱购买保险。这样才能避免家庭因主要经济支柱遭受意外而使整个家庭"崩塌"的可能。

比如说一个现在三四十岁的人，上面有已经年老的父母，下面还有没长大的孩子，他们正是最需要购买保险的人；因为他们是家庭的顶梁柱，一旦出现什么意外，老人和小孩就无依无靠了，这对家庭的打击是致命的。

再举一个例子，假如一个家庭有 50 万元的房贷，那么这个家庭的支柱至少要购买保额为 50 万元的人身意外或死亡保险，这样就算他因为意外过世或是残疾，至少获得的保险赔偿金也能够还房贷，家庭的其他成员不至于由于还不起房贷而无家可归。

2. 先保障，后理财

在为家庭选择保险品种的时候，首先要选择寿险，一般主要包括终身寿险和定期寿险。终身寿险保费比较贵，这种保险主要是保障在没有自己以后，其他家庭成员的生活，另外，终身寿险不交遗产税；定期寿险一般交到55—60岁，这种保险主要保障的也是除自己之外的家庭成员，尤其是子女，也就是说一旦家庭的主要经济支柱因故没有了经济来源，自己也能够依靠保额生活。

一般来说，一个普通的城市三口之家，保额定在50万元左右比较合理。

除了寿险之外，家庭还需要购买人身意外、健康、医疗等基本险种，重大疾病保额在10万—20万元之间比较合适。总的来说，寿险加上意外保险的保额等于或略大于5年的生活费用之和比较合理。此外，如果经济条件宽裕的话，家庭还可以购置一些储蓄理财型保险。

3. 保费支付与收入要成比例

家庭年保费支付的总额占家庭年收入的10%—20%为宜。消费意愿较强的年轻人适合购买分红型养老险，这样可以达到强制储蓄的目的；年长者购买保险的时候应该以储蓄型为主。

4. 投保要有序

投保的险种按重要性的程度由高到低来排列的顺序分别为：

意外险、寿险、重大疾病保险、医疗保险、教育保险或养老保险。

5. 家庭保险可以分批购买

意外险是全体家庭成员都应买的，而其他的险种则要视家庭具体经济条件而定，先给家庭经济支柱购买，等经济条件允许了，再给子女和老人买。此外，子女和老人的保险，首先要以社会保险为主。

总的来说，只要条件允许，每个家庭都应该根据自己的实际情况购买一些合适的保险。

此外，如果个人理财者没有时间和精力来研究如何为家庭投保，在掌握前面介绍的那些基本原则之后，可以请专业的保险理财专家为自己提一些可参考的建议。

生活理财笔记

家庭理财规划的首要原则是先为家庭的主要经济支柱买保障，即先为大人购买充足的保险，然后再考虑孩子。我国家庭购买保险的一大误区就是因为爱孩子而把家庭的主要保险支出花在孩子身上，然而实际上这种投保方式不但保护不了孩子，还会使大人由于没有保障，一旦出现意外，家庭立刻陷入危机。因此，在为家庭制订保险规划的时候，一定要坚持这样两个原则：先父母、后子女，先保障、后理财。

第九章

其他理财：那些被你忽视的生财工具

　　一说起理财，人们很容易想到股票、债券、基金、期货以及保险，殊不知能够帮助理财者实现财富增长的理财工具远远不止这些。比如信托、房地产、黄金、白银、收藏品等，也都是相当不错的理财工具。值得注意的是，灵活运用借贷，将负债变成一种资产也是一种收益颇丰的理财方式。

信托理财：谁说富不可以过三代

约翰·D.洛克菲勒，美国著名的实业家、金融家，美孚石油公司的创始人，是全球公认的"石油大王"。老洛克菲勒是美国历史上最富有的人之一。小约翰·D.洛克菲勒是他唯一的儿子和财产继承人。

很多富豪最为发愁的问题不是如何赚钱，而且如何将自己的财富传给自己的子孙后代。"富不过三代"的说法像一个魔咒，困扰着很多富人家庭。然而洛克菲勒家族却打破了这一"魔咒"，从老洛克菲勒发迹到现在，洛克菲勒家族的财富已经延续了六代，而且其财富不仅没有减少，还在不断增加。难道在财富传承的过程中，他们不会碰到老一辈财富管理者已经逝去而新的传承者还没有足够的能力管理财富的情况吗？面对这种危机他们是怎样安然渡过的呢？是信托帮助了他们。

洛克菲勒家族就是依靠信托这种工具来破除"富不过三代"的"魔咒"的。当老一辈的财产管理者逝去，而新一代的管理者还不具备管理和掌控庞大的家族财产的能力时，他们就将财产以信托的方式，让能力卓著的专业机构或人员代为管理。1934年，小约翰·D.洛克菲勒在得知美国政府将于1935年提高馈赠和财产税税率之后，他便设立了"1934年信托财产"，从而使自己的家族渡过了财富管理危机，并顺利地完成了家族财富的传承。信托财产是洛克菲勒家族代代传承的最主要财富，如果没有信托财产，洛克菲勒家族的绝大多数资产就只能被政府以税收的形式收走，或是无偿捐给一些慈善机构。

卡耐基、肯尼迪、洛克菲勒等家族之所以历经数百年而不衰，就是因为他们采用信托的方式来帮助自己管理家族资产。但是在我国，由于受到传统观念的束缚，富翁们往往很少采用信托的方式来传承财富。他们宁可让能力不足的后代继承者因管理不善而亏损巨额财富，也不愿意、不放心将自己的财富交给信托公司来打理，因为信托公司在他们的眼里不是"自己人"。

实际上，找到好的信托公司，通过订立完善的信托合约来管理财产比交给能力不足的"自己人"打理要可靠得多。因为信托公司的理财能力更专业，且合约具有法律效力；而"自己人"能力相对不足，人心也易变。

实际上，现在在西方，信托已经不只是富翁所选择的理财工具了，它俨然已经成了广受社会公众青睐的财富管理方式，这是因为它的优势是显而易见的。

信托不仅能够帮助人们实现财产的有效管理，而且能为客户量体裁衣，根据委托人的不同风险偏好、所处的不同生活阶段，设计出最适合、最体贴的理财方案。并且，信托机构也以其庞大的资产实力让委托人放心。在美国，一般稍大些的信托机构所管理的资产都以数万亿美元计算，即使是小的信托公司也操纵着千亿美元资金的运转。

信托将零散的资金巧妙地汇集起来，从而形成规模优势，让理财的效率大大提高，而且信托机构大都由经验丰富的专业人士操作资金运作，其专业优势也在很大程度上提高了财富增值的速率。具体来说，信托理财能够帮助明星、律师、作家、医生等中产以上的阶层理财，能够帮助富翁家族完成财产承接，能够让诺贝尔奖设立百年而运行良好、不见其迟暮之态，即使是普通人，也能够通过购买共同基金的信托方式参与到经济活动中来。信托的财富增值和财富传承功能非同小可。

此外，信托不仅能够以其规模和专家优势大大降低财富的市场风险，而且由于信托财产具有独立性，也就是说信托财产自设立时起就没有法律瑕疵，只要在信托期限内，就能够有效对抗第三方诉讼，保证财产不受侵犯。这样一来，信托理财就具备了其他理财工具所没有的风险规避作用。

毫无疑问，信托绝对是理财的好选择。但值得注意的是，信托和其他理财工具一样存在风险，为了尽可能地将风险最小化，我们可以从以下这些方面来努力：

（1）要选择信誉好的信托公司。虽然信托市场历经多次整顿，市场较为规范，但也不排除会有缺乏良好职业道德的公司，一旦遇上这样的公司，就会让你蒙受损失。所以，购买信托理财产品，一定要选择资金实力强、诚信度高、资产状况良好、人员专业、历史业绩好的公司。

（2）要选有盈利前景的信托产品。现今市场上的信托产品琳琅满目，理财者选择时多看重其资金规模，而忽视其事先确定信托资金的具体投向。但是，其资金投向是非常重要的，这与其信托产品的前景息息相关，要选就选好的信托产品，详细考察其所处的行业是否有优势、资金运作过程是否稳定可靠、项目投产后市场前景是否良好。

（3）严格考察信托产品的担保情况。一般来说，有银行担保或银行承诺后续贷款的信托产品与一般信托产品相比，其风险会相对较低，同样，购买信托产品的风险也会相对较低。当然，在考察担保方时，不能只看其资产规模，资产负债比例、利润率、现金流和企业的可持续发展等因素也很重要，同样需要考察。

（4）选择信托理财产品要在自己的风险承受能力之内：一般来说，房地产、股票市场的信托产品的风险略高，而资金投向为能源、电力等基础设施的信托产品风险较低。

生活理财笔记

　　洛克菲勒家族的财富之所以能够延续至今而不衰，其中很重要的一个原因就是小洛克菲勒设立的"1934年信托财产"。委托信托机构代为管理家族的财富，不仅能够避免因后代能力不足造成的财产损失，而且还能因为专业理财人士的管理而大大增加家族的财富，如此一来，财富就能够一直延续下去了。

房产理财：购买房产是明智之举吗

兹维·博迪，美国知名经济学家，现任波士顿大学管理学院教授。曾任哈佛大学和麻省理工学院的客座教授。曾任美国劳工部退休政策、以色列政府、银行家信托公司和摩根公司的顾问。他的《投资学》以及与哈佛教授罗伯特·莫顿合著的《金融学》两本书，备受业界的肯定。

博迪教授曾在接受我国《广州日报》采访时，就购入房产表达了自己的看法。他说："与股票相比，无论是在美国，还是中国，购入房产都是有积极意义的。这是由于在你居住生活的地区，和那些外地的理财者相比，你就具有'内部人'的优势，了解当地房产的优势与劣势，知道哪里的房产好。此外，你还能够选择租房的人，只要足够谨慎和自信，购买房产的回报也是很可观的。"

他认为虽然房价可能涨，也可能跌，房产理财有一定的风险，但是它可以使你的理财组合多样化。倘若你现在可用于理财的资产有 10 万美元，购买房产恐怕要比购买股票强得多。在购房的时候，不仅要看房价的升值潜力，还要了解当地的租金行情，这样有利于降低理财的风险。除此之外，你也可以选择购买房地产信托基金，这些房地产信托基金往往是在购买房产后进行出租，你的收益就来源于那些房租。当然，也不排除有些偏激的房地产信托基金，他们购买房产的目的就是等待房价上涨。

实际上，房产理财和股票理财是类似的，投入公用事业股份是为了享受红利，投入成长股是为了等待价格上升。博迪教授表示在购买房产方面，政府应该是提供各种各样房产的供应商，而房价则要依靠市场机制的调节来确定。

诚如博迪教授所言，房产理财对于普通人来说确实是一个不错的选择。对于大多数人而言，房子就是自己的小窝，即使是"蜗居"，也要自己拥有才会有安全感。租来的房子再怎么豪华也不是自己的，既没有支配的自由，还要做好随时搬家的准备。

所以，如果你有足够的闲钱，担心存在银行里利息太低，又担心炒股风险太大，那不妨购买房产。

一方面房子可以作为你的个人资产，存在巨大的升值潜能，另一方面可以让你找到家的感觉。即便你不缺房子住，也可以把房子出租，而这笔租金在大多数情况下可能除了能让你还贷款之外，还会有部分剩余，拿来当零花钱也很不错。

在房子几乎成为人们终身的追求今天，能有一套属于自己的房子是大多数靠薪水生活的人的梦想。如果经济状况允许，不必非得等到结婚，提前让自己实现这个梦想也没什么不好的。在你完全有能力的情况下，与其为现在的房东"打工"，不如为自己的房产"打拼"。

不过房产理财对于一般人来说应该属非常庞大的理财项目，所以在购买之前一定要先把各方面的因素了解清楚，让自己的钱花得明明白白。下面就来看一看有哪些房产是适合自己理财的吧！

1. 选地段

"第一是地段，第二是地段，第三还是地段"——这是房地产理财中经过无数次论证的亘古名言。地段好的房子永远受到理财者的欢迎，虽然不好的地段经过发展有可能变成好地段，但是那都是未知数。

而好地段在相当长的时期内（至少是你的房屋所有期内）一定还是好地段，而且可能变得更好。因为好地段的房子所占用的土地通常已经成为不可再生资源，本着"物以稀为贵"的原则，它的价格是会不断上升的。

一个城市中的好地段是非常有限的，因而好地段的房子就更具有升值潜力。所以在好地段购买的房产，虽然购入时价格相对较高，但也由于其比其他地段有更强的升值潜力而受到理财者的欢迎。如果你的资金比较充裕，不如为自己的房产选个好地段吧！

2. 二手房

在相同地段二手房比新房的价格要便宜，而且一般有成熟的商业区和较好的居住环境。只是由于房产期限和房屋新旧的问题，在价格上占有优势。你如果不是非要住新房不可，那不妨购置二手房。一方面二手房居住条件相对便利，另一方面因为位置好、交通便利等优势，二手房可以用来出租赚取租金，还可以等待时机出售。

3. 购尾房

许多人都知道"尾货"便宜，"尾房"也是一样的道理。尾房是楼盘销售的收尾阶段剩下的少量户型、楼层或朝向不好的房子，为了不影响下一步的继续开发，开发商在成本已经收回的情况下，会把尾房以低于平常价格的方式尽早脱手。你大可以用便宜的价格购进尾房，再以适当的时机用市价卖出，以赚取差价。

值得注意的是，在购买尾房时，也要拿出购买尾货的本事去砍价，以最大限度地减少你的资金投入。

4. 拆迁房

即将要拆迁的房子买来做什么呢？当然是为了争取拆迁补偿。因为旧城改造、修路等原因，有很多房产是需要拆迁的，而拆迁时房屋的业主通常都会得到一笔优惠的补偿金。如果能提前购置一套等待拆迁的房产，通过拆迁补偿来获得收益也是一种不错的理财。

只不过，购买这类房产需要对城市建设和规划有一定的了解，若能消息灵通，事先知道哪些房产会被拆迁，从而提前将其购入，得到丰厚的房屋补偿应该不成问题。

不管购买哪种房产，也不管你购买房产的目的是什么，看准时机、衡量性价比都是理财者事先必须完成的一项"功课"。毕竟对于大多数人来说，房子是人生大事之一，当然马虎不得。

还有更重要的一点，购买房产一定要考虑好自己的经济实力，买房是为了让自己生活得更加舒适，如果你因此而沦为压力过大、郁郁寡欢的"房奴"，那就得不偿失了。

黄金理财：财富保值的最佳选择

　　在过去的十几年中，黄金价格像脱缰的野马一样飞速飙升。倘若你在10年前黄金价格低位上买进1万美元的黄金，现在就能得到4万美元，将近400%的理财回报率让人讶然！如此高的回报率，远远超过了一向以高收益著称的股市、楼市等理财领域。

　　哈佛大学经济学教授马丁·费尔德斯坦对黄金理财有自己的见解。他认为黄金理财是一项高风险的理财，他为人们描绘了这样一幅画面：在迪拜债务危机的影响下，人们非常担心黄金的价格会持续上升，所以就出现了抢购黄金的场景。许多人购买黄金是为了应对通货膨胀和美元贬值这两种风险，然而费尔德斯坦却认为购买黄金并不能解决这两个问题，这是因为金价的上涨速度从来没有追上过 CPI 的涨幅。

不过费尔德斯坦也表示，虽然黄金不是对冲通货膨胀和汇率风险的最好方法，但是它依然是一种非常好的理财手段。从 2005 年以来，黄金的价格已经翻了 3 倍，并且黄金也能够成为理财组合中的一个重要部分，以分散理财风险，增加收益。

此外，费尔德斯坦也表示，黄金理财是高风险的理财工具，它和股票、债券、房产等一般理财工具不同，它没有潜在收益，也就是说购买黄金主要是一种投机行为。换句话说，黄金的涨跌是难以预料的。

受到美国金融危机的影响，自 2008 年以来，股市一直呈现低迷状态，因此继"股民""基民"之后，越来越多的理财者开始加入到"金民"的行列之中。许多理财者开始将自己的资金投入金市当中。在股市不景气的情况下，黄金理财是最具潜力的理财品种，那么，黄金理财到底具有怎样的吸引力呢？

黄金作为一种硬货币，其主要功能有不会变质、易流通、保值、理财、储值等。尤其在政局动荡、在不确定的经济情况下，纸币往往会严重贬值，但是黄金却仍然可以保值，仍然可以充当货币。当然，随着国际事务的变化，黄金的价格也会相应起伏。因此，黄金以其特有的保值特性，以及其无国界性受到人们的青睐，成为一种永久、及时的理财方式。

总体来说，黄金作为一种世界范围的理财工具，主要具有这样一些优点：全球都可以得到报价，有效抗通货膨胀，税率比股票低很多，金价走势公平公正，产权转移容易，典当方便等。正是这些优点使黄金成了货币之王。

了解了黄金理财的诸多优点，相信你也正在考虑黄金理财，那么你是否了解黄金理财的品种呢？在我国，现阶段黄金理财品种主要有以下三种。

1. 实物金

实物金主要包括金条、金币和金饰。与其他理财方式相比，黄金交易往往涉及金额较高，但是却没有财务杠杆作用，没有利息收益。而且金饰买入的价格一般远远高于卖出的价格，所以用于理财并不适宜；而金条及金币由于不涉及其他成本，是实物金理财的最佳选择。金币包括纯金币和纪念性金币两种。纯金币美观、可鉴赏、流通变现能力强，且能保值，黄金含量有多少，其价值就是多少，而其价格随国际金价波动而起伏。纪念性金币更具有较多纪念意义，主要是满足爱好者的兴趣，理财增值方面的功能不大。

金条和金块是黄金现货市场上实物黄金的主要形式，主要有低纯度的沙金和高纯度的条金之分。在其市场交易过程中，黄金生产商、提炼商、中央银行、理财者和其他需求方都有不同程度的参与，经纪人从中搭桥赚佣金和差价，银行为其融资。

此外，做黄金现货理财有两点需要注意：一是须支付储藏和安全费用。二是持有黄金无利息收入。

2. 纸黄金

所谓纸黄金，就是黄金的纸上交易。理财者通过预先开立

"黄金存折账户"进行买卖操作而并不接触实物金，当然黄金的价格一般不会受到银行的随意操纵，而是根据国际金价实时调整。一般来说，纸黄金主要具有以下优势：

（1）安全性高。纸黄金是通过黄金存折账户进行交易，不需要理财者担心黄金的储存和保管，因此安全性较高。

（2）成本低。纸黄金采用记账的方式来交易，而非实物金交易，因此其交易成本相对较低。

（3）变现速度快。纸黄金的变现速度很快，可以实现瞬间变现到账，而不像基金需要几个工作日才可以；而且与其他理财方式相比，纸黄金交易更具有弹性，只要理财者愿意，甚至可以一分钟之内买进后卖出，而这在股市上是不可能实现的。

（4）交易方式规范。纸黄金的价格是由国际金价来决定的，银行不能为了自己的利益而随意操控，所以理财者不用担心银行操纵价格给自己造成损失。

（5）手续费低。与其他理财方式一样，纸黄金的交易也需要支付手续费，但是却不是按交易金额的百分之几收取手续费，而是按照黄金数量来收取的，因此其手续费远远低于股票、基金的手续费，而且这一比率会随着金价的上涨而下降。

3. 黄金期货

黄金期货交易也就是人们常说的"炒金"。买卖双方都在合同到期前出售和购回与先前合同相同数量的合约，也就是平仓，而不会真正交割实物金。而一前一后两笔相反方向合约买卖的差额就是黄金期货买卖的利润。其主要内容包括保证金、合同单位、交割月份、最低波动限度、期货交割、佣金、日交易量、委托指令等内容。

一般来说，黄金期货具有较大的杠杆性，一般只需10%左右交易额的定金作为理财成本就能够推动大额交易，因此黄金期货买卖又称"定金交易"。具体地说，黄金期货理财主要具有这样一些优点：

（1）流动性较大，在任何交易日合约都可以变现。

（2）灵活性较强，只要理财者愿意，就可以在任何时间入市。

（3）委托指令具有多样性，如即市买卖、限价买卖等。

（4）市场集中公平，在开放的条件下，其主要市场的价格基本一致，理财者不必担心因期货买卖价格被操纵而蒙受损失。

（5）品质保证，理财者不必为其成色是否如合约所述担心，也不必花费鉴定费。

（6）安全方便，理财者不必花费精力和费用保存实物金。

（7）杠杆性加大，能够以少量定金推动大额交易。

（8）套期保值作用，可以通过对冲（即利用买卖同样数量和价格的期货合约）来抵补黄金价格波动带来的损失。

黄金期货理财虽然具有许多优点，但因为操作过程需要理财者具有较强的专业知识和判断市场走势的能力，再加上市场投机气氛浓厚，因此理财风险较大，是一项比较复杂和劳累的工作。

哈佛大学经济学教授马丁费尔德斯坦认为黄金理财是一种不错的理财手段，不过他也表示由于高风险、投机性强等特点，黄金理财往往具有很多的不确定性。对于普通理财者来说，购买黄金虽然是一个不错的理财手段，但是基于黄金理财的风险性和难度都比较大，最好不要将全部资金压在这上面，可以把黄金理财作为资产组合理财的一部分，这样一来，既能享受黄金的收益，也能分散风险，保证收益。

白银理财：小成本高收益的理财方式

在黄金市场持续走俏的形势下，白银理财也渐渐成为人们理财的热点。与黄金一样，白银也具备不变质、易流通、保值、理财、储值等特点；与黄金不同的是，白银的工业需求量很大，而且价格相对便宜，适合普通理财者进行理财。再加上当下通货膨胀的经济形势，纸币贬值的情况逐渐显现，因此人们对于保值性较强的白银越来越青睐。

目前市场上白银理财的形式主要有三种，分别是实物白银、纸白银和白银 T+D。这三种理财方式各有利弊，了解它们各自的特点，有利于理财者选择适合自己的白银理财方式。下面我们来具体看看这几种形式的优势和缺陷。

1. 实物白银

其优点是：品种较多，门槛不一。

现在市场上销售的实物白银种类很多，主要包括银条、银币、银章，比如周生生、周大生等黄金公司生产的银条、央行发行的熊猫银币等。而银币、银章对于理财者来说，主要是收藏价值，而非真正意义上的理财。现在市场上的理财型银币只有熊猫银币这一种，熊猫银币的升值潜力主要看白银的价格。

其缺点是：变现性差、产品良莠不齐。

如果以理财为目的购买银条，就要考虑银条的回购是否方便。实物白银的变现性比黄金低。此外，不同公司生产的银条之间的质量差距较大，因此，理财者在购买银条的时候需要谨慎比较，尽量选择信誉高的大公司，避免财产受损失。

2. 纸白银

其优点是：相对风险较低、交易方便。

与理财实物白银相比，纸白银理财的过程比较简单，且不必自己保管，容易变现，风险性相对较低。

其缺点是：白银价格的波动幅度较大，交易手续费较高。而且目前购买渠道较少。

因此，对于保守的理财者来说，购买纸白银的比例不应该超过20%；此外，理财者不应该过度关注纸白银的价格走势，否则很容易陷入短线理财的陷阱。

3. 白银 T+D

其优点是：购买渠道较多，交易方便。

目前市场上购买白银 T+D 的渠道较多，而且在家上网就能够开户并购买。

其缺点是：风险较大。

购买白银 T+D 主要有两大风险：一是银行的白银 T+D 业务采用保证金杠杆，这一比例通常是 10.5% 至 15%，与黄金 T+D 差不多。这也就意味着在实际操作中，必须准备更多的保证金，否则很容易由于白银价格波动而被迫平仓。二是白银价格波动较大，因此风险也较大。

在了解了白银理财的优势和风险性之后，如果你打算进行白银理财，不妨参考下面的建议。

（1）了解影响白银价格的因素，关注市场的供需状况，及时调整自己的理财组合。

（2）刚开始接触白银理财领域的理财者，应该从小规模买进高纯度的银条或银币开始，而不要一次性投入过多，或是购买那些复杂的品种，诸如纪念币、饰品、珠宝或别的什么收藏品。

（3）白银理财要适度。白银理财所占的比例不应该超过你的理财组合的 10%；如果你有闲钱的话，也可以进行白银期货投机，但是这必须在你能够承受的风险之内。

（4）如果你购买实物白银的话，可以通过买进银行企业的股票来增加收益。

（5）定期定量买入，不仅可以降低成本，也可以让你避免产生"交易者"心态，从而增强自律能力。这样一来，你就会将白银价格下跌看成买入的好时机，减少亏损带来的痛苦。

（6）收藏白银并不是真正的白银理财。包括制作精美的白银制品、稀有银币等在内的工艺品，最大的价值是收藏，而非理财。这主要是因为收藏品会溢价且变现难。

说了这么多，无非是想告诉理财者这样一个事实：白银理财虽然是时下很热的一种理财工具，但是这并不意味着购买白银就肯定能够有所收益。

所以说，理财者在决定进行白银理财的时候，一定要充分了解白银市场的信息，然后根据自身的具体经济条件和风险承受能力，选择最适合自己的白银产品。

生活理财笔记

白银理财是一种小成本、高收益的理财方式，适合大众理财者，不过理财者在进行白银理财的时候需要谨慎小心，谨防走入理财误区，使自己的资产蒙受损失。面对时下的通货膨账压力，白银理财确实是理财组合中的一个重要部分，但是要想通过购买白银对冲通账压力是不现实的。

收藏品理财：小兴趣也能赚大钱

世界前首富比尔·盖茨对于收藏品的爱好并不亚于对计算机的兴趣。20世纪90年代初期，比尔·盖茨就开始了他的收藏之路。作为巨额财富的拥有者，盖茨在购买收藏品方面自然不必担忧金钱的问题，他购买收藏品几乎完全依靠个人兴趣。

1994年，盖茨以3080万美元的高价从佳士得拍卖行买下了达·芬奇生前的一份手稿。正在整个艺术品市场为之震惊的时候，盖茨很快就将这份手稿制作成VCD，以单价50美元的价格面向市场发售。一时之间，整个世界都为他的商业头脑而惊叹，他既满足了自己的爱好，也收回了花费的成本，真是一举两得啊！

同一年，盖茨花费了5000万美元在西雅图为自己和家人建造了一所豪宅，为了购买满意的艺术品装饰自己的家，他的艺术顾问找遍了全美，为他搜集了几千幅名画，盖茨最终花费重金买了其中最有价值的14幅。这些绘画如今的价值已经翻了一番甚至几番。

此外，盖茨对于收藏品的爱好也带到了微软，他认为软件开发人员需要舒适的环境，包括艺术环境。到现在为止，微软公司收藏的当代艺术品已经超过了5000件，是全美收藏品最多的公司之一。盖茨对艺术收藏的爱好也影响了他的富翁同事和好友们。

美国《ARTNEWS》杂志收藏榜单上的许多人的名字都能

在《福布斯》富豪榜上找到，一方面巨额的财富让他们有能力购买艺术品，另一方面收藏艺术品不仅可以提升他们的品位和身份，也是一种另类理财。

对于大多数的收藏者来说，最初的收藏动机就是兴趣，而很少有人想过将收藏作为一项赚钱的理财手段，这是非常让人遗憾的。比尔·盖茨等富豪们对收藏品的热衷不仅关乎兴趣，更重要的是他们将收藏也作为一种理财手段。那些在商场上叱咤风云的人物是不可能做赔本的买卖的，比尔·盖茨收藏达·芬奇手稿之后的商业做法就体现了这一点。由此可见，收藏品理财也值得理财者们予以重视。

那么，到底哪些收藏是可以赚钱、值得购买的呢？

传统意义上的收藏大多指的是古玩、珠宝、钱币、邮票、纪念章等具有历史感和年代感的物品，但是这些收藏品往往需要花费大量的金钱，普通人的经济条件难以支撑。那么，普通人就不能购买收藏品了吗？当然不是。

对于没有那么多资金买古玩珠宝的普通人来说，在自己的能力范围之内根据自己的喜好收藏也未尝不是一件明智之举。东西不一定非常贵，但一定要有意义。除传统的收藏之外，一些个性的藏品也越来越多地受到收藏家的喜爱：限量版的T恤、球鞋、牛仔裤，纪念性的卡片、漫画、小人书，时尚感的CD、杯子、太阳镜，淑女型的布艺、头饰、名牌包……收藏的种类非常多，而且创意无限。在这众多的收藏中，那些收集人群稀少且独一无二的收藏品往往更具有理财价值。当然，如果你喜欢的收藏品理财价值并不高，你也不必为了金钱勉强改变自己的收藏爱好，毕竟那样的收藏对你更有意义。

此外，值得一提的是，除了找到具有理财价值的收藏对象之外，收藏过程也是非常重要的。起码有些缺点是要戒除的，否则还真的没有办法顺利地完成收藏工作。具体地说，下面这些收藏误区是需要避免的。

（1）三分钟热度且朝三暮四。收藏是一个积少成多的漫长过程，如果只是一时兴起就大张旗鼓地开始收藏，兴致没了就束之高阁，那你的藏品永远形成不了什么规模。朝三暮四的结果也是一样，今天收藏这个，明天又看上了那个，到最后你势必什么都收藏不长久。

（2）求全责备。你的收藏应该集中在一个方向，而不是遍地撒网，"什么都做"的结果往往是"什么都做不成"。倒不如将你的精力集中在一个目标上好好努力，这样才可能有所建树。

（3）好高骛远。虽说收藏贵精而不贵多，但是最初的收藏必定会经历一个由粗到精、由浅入深的过程，不要一开始就想拥有超凡的鉴别力或稀世珍品，好高骛远只会让你失去耐心和信心，让你在还没有成功就提前放弃。

（4）夜郎自大。盲从收藏，一味地认定自己藏品的价值无限。只收藏而不学习，对自己的藏品完全没有概念，说不出个所以然来。即使得到了好东西也没有办法让它的价值得以彰显，那你跟仓库保管员又有什么区别呢？

（5）优柔寡断。看中的东西一定要手疾眼快、当机立断，一旦犹豫可能就会错失良机。试想眼睁睁地看着自己中意的东西到了别人手里，你难道不后悔吗？

（6）秘而不宣。"独乐乐与众乐乐，孰乐"这是个问题。你将自己的收藏捂得严严实实，不和大家分享，那收藏的乐趣和意义又在哪里？应该思考一下，你的那些珍贵的藏品到底应该是秘而不宣还是让它大放异彩呢？

（7）急功近利。收藏可以盈利，但是你却不能急功近利，如果你收藏的目的只是钱，就会让你变得盲目，变得不安分，你的兴趣也就变成了"倒买倒卖"的廉价工具了。而且你很可能因为自己的盲目和不安分而动用大笔的资金，从而使自己陷入误区，影响你的生活。要明白搞收藏应该用你的闲钱，激进盲从和急功近利是要不得的。

（8）玩物丧志。除非你是古玩鉴定师、玉器店老板，否则不要将收藏作为主业，收藏再怎么赚钱也都应该只是个爱好，不能玩物丧志荒废了自己真正的主业。收藏可以是个嗜好，但不能丧志，如果因此而丢掉了自己的事业、家庭、理想，那你的兴趣又还有什么意义呢？

最后要说的是，兴趣是好事，收藏是雅事，赚钱是乐事，但前提是不能因此坏了自己的事。你想要通过收藏来陶冶情操也好，赚取利润也罢，都应该在自己的能力范围之内。具备良好的心理素质和收藏品质，你才能让自己的藏品大放异彩，让收藏成为你生活中的乐趣，这才是你赚到的最大利润。

生活理财笔记

　　哈佛出身的世界前首富比尔·盖茨之所以热衷艺术品收藏，一方面是基于自身的兴趣，另一方面是基于理财的目的。他以高价购买达·芬奇手稿，然后通过商业手段收回花费的成本，不仅满足了自己的爱好，也获得了不错的收益。由此可见，收藏品理财也是一种不错的理财手段。对于普通理财者来说，在选择进行哪种收藏品理财之时，要按照自身的具体经济情况及爱好来确定，切忌收藏那些超过自己经济承受能力的藏品。

图书在版编目 (CIP) 数据

让你爱不释手的超实用生活理财课 / 虎啸著 .—北京 : 中国法制出版社，2019.12

ISBN 978-7-5216-0490-0

Ⅰ . ①让⋯ Ⅱ . ①虎⋯ Ⅲ . ①家庭管理－理财－普及读物 Ⅳ . ① TS976.15-49

中国版本图书馆 CIP 数据核字（2019）第 188501 号

责任编辑 : 孙璐璐（cindysun321@126.com） 封面设计 : 汪要军

让你爱不释手的超实用生活理财课
RANG NI AIBUSHISHOU DE CHAO SHIYONG SHENGHUO LICAIKE
著者 / 虎啸
经销 / 新华书店
印刷 / 三河市国英印务有限公司
开本 / 880 毫米 × 1230 毫米 32 开   印张 / 7 字数 / 139 千
版次 / 2019 年 12 月第 1 版   2019 年 12 月第 1 次印刷

中 国 法 制 出 版 社 出 版
书号 ISBN 978-7-5216-0490-0   定价 : 36.00 元

北京西单横二条 2 号 邮政编码 100031   传真 : 010-66031119
网址 : http://www.zgfzs.com   编辑部电话 : **010-66038703**
市场营销部电话 : 010-66033393   邮购部电话 : **010-66033288**
（如有印装质量问题，请与本社印务部联系调换。电话 : 010-66032926）